这样装修才会顺

软装搭配

凤凰空间·华南编辑部 编

江苏凤凰科学技术出版社

目录

基础篇

实战篇

基础篇

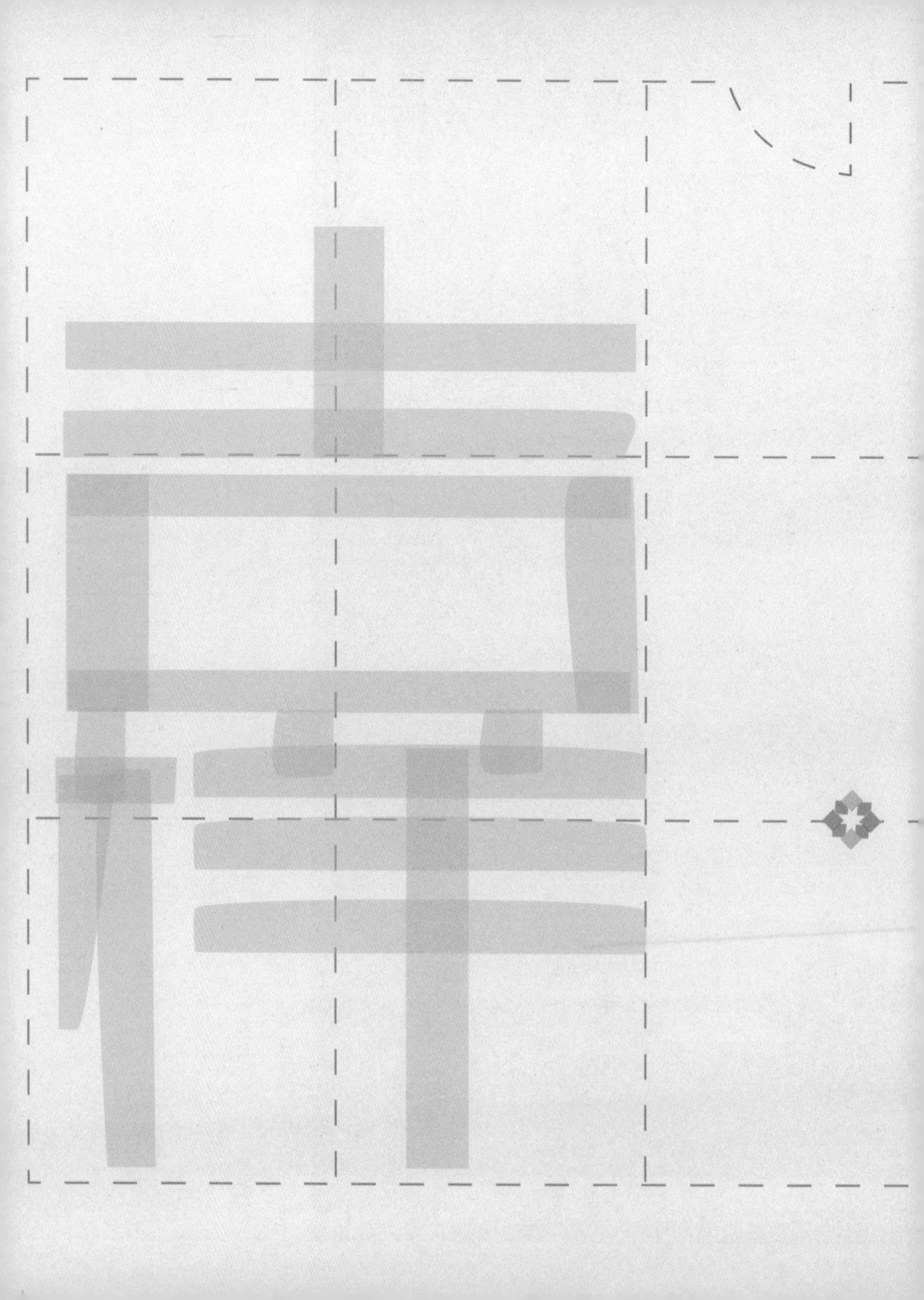

软装与色彩

室内环境是多种背景色与物体色的组合，如墙面、地面、顶棚等硬装，与家具、装饰织物、灯具等软装形成多层次的色彩环境。在这种复杂的色彩关系中，首先我们要确定室内的主导色调，在主导色调的基础上进行色彩的变化。以此为原则，硬装与软装、软装与软装之间，无论是同类色彩搭配、撞色搭配还是补色搭配，都能营造出舒适的视觉效果。

软装与灯光

色与光的关系非常密切，光本身有其色彩特性，人眼直接观察光源时所看到的颜色，称为光源的色表，用色温（CT）表示；显色性是指光源的光照射到物体上所产生的客观效果。在光照下，室内陈设品会产生明暗界面和阴影层次的变化，这是运用光照艺术渲染环境和烘托环境风格的重要手段。

软装与材质

软装的材料质感以其独特的方式带给人们视觉上的感受。比如，在一间以蓝色为主的房间，放一块浅蓝色地毯，从色调上讲是冷调，且常给人以冷漠之感，在冬季的居室是不适合采用的。但它若是一块长毛绒地毯，感受就不同了。因为毛织物表面具有绒毛，所以，尽管是浅蓝色也同样给人一种亲切温暖之感，会给冬季的冷调居室带来一丝暖意。这就是选料对配色的影响。

常用室内装饰植物

名称	花语	养护要点	
万年青	花语是健康、长寿。幼株小盆栽可置于案头、窗台观赏;中型盆栽可放客厅作为装饰	可水培或用普通土壤种植，阴生不耐寒，需每天浇水	
金钱树	花语是招财进宝、荣华富贵	采用排水性好的土壤种植，阴生，每 2~3 天浇水 1 次，可施有机肥	
凤梨	凤梨以奇特的花朵、漂亮的花纹著称，作为客厅摆设，既热情又含蓄，很耐观赏。花语是完美无缺	沙质土种植，避免直晒，每两周浇水 1 次，冬季移防风防寒处	
巴西铁	花语是庄严	排水性好的沙质土种植，放在稍荫处，1~2 天浇水 1 次，无需施肥	
竹	竹子象征着生命力，花语是长寿、幸福和精神真理	排水性好的土壤种植，光线要充足，每天浇水 1 次，每月施有机肥 1 次	

发财树	因叶片酷似元宝而得此名，通常以钱币、彩带、中国结等装饰之，花语是招财进宝	小植株摆在檐下，大植株需要日照，且每两天需浇水 1 次	
金桔	“桔”与“吉”谐音，果实肥厚，充满喜庆，而桔叶更有疏肝解郁的功能，花语是平安吉祥	肥沃的有机土种植，需光线明亮的环境，每天浇水 1 次，每季度施肥 1 次	
文竹	花语是永恒。文竹是“文雅之竹”的意思。其实它不是竹，只因其叶片轻柔，常年翠绿，枝干有节似竹，且姿态文雅潇洒，故名文竹	排水性好的沙质土种植，放在稍荫处，1~2 天浇水 1 次，1~2 月施肥 1 次	
海棠	文人们用海棠寓意佳人，表达着思念、珍惜、慰藉和从容淡泊的情愫。又因为“棠”与“堂”谐音，因此花语为富贵满堂	肥沃的腐殖土种植，需要明亮且柔和的光线，不可直晒，每天浇水	
石榴	在西方花语是成熟的美丽，在中国是多子多福的象征	排水性好的沙质土种植，需日照充分，忌风雨，每周浇水 2 次，每月施复合肥 1 次	
仙人掌	外表坚硬带刺，内心相当甜蜜，花语是坚强、刚毅	土混细沙种植，阴生，每周浇水 1~2 次，浇水少量，缓慢浇于盆土	

秋菊	花语是清净、高洁、长寿、吉祥	肥沃、排水良好的沙质壤土种植，喜阳光充足地方，耐寒冷、怕风害、花耐微霜。水分过干旱将分株少、植株发育缓慢	
玉麒麟	花语是坚贞、忠诚、勇猛、给人安全感	沙质土种植，需阳光充足，每周浇水 1 次，每两个月施复合肥 1 次	
玫瑰	花语是甜蜜、永恒的爱情	排水性好的沙壤土种植，需阳光充足，2~3 天浇水 1 次，每季一度施肥 1 次	
九重葛	又叫三角梅，花语是热情、坚韧不拔、顽强奋进	种于向阳处，春 ~ 秋季每两天浇水 1 次，冬季一周浇水 2 次	
桃花	花语是好运将至，桃林象征太平盛世，桃子祝福老人长寿	沙质土种植，需阳光充足，每周浇水 2 次，每月施复合肥 1 次	
荷花	“出淤泥而不染，濯清涟而不妖”，花语是坚贞、纯洁、无邪、清正，低调中显现出了高雅	水培，山泥、湖泥、沙壤土等均可用作荷花基质，荷花是喜光的长日照植物，一日之内需要 6 小时以上的直射光，可以搬至室内欣赏一、二日，第三天必须移至户外阳光下养护	

实战篇

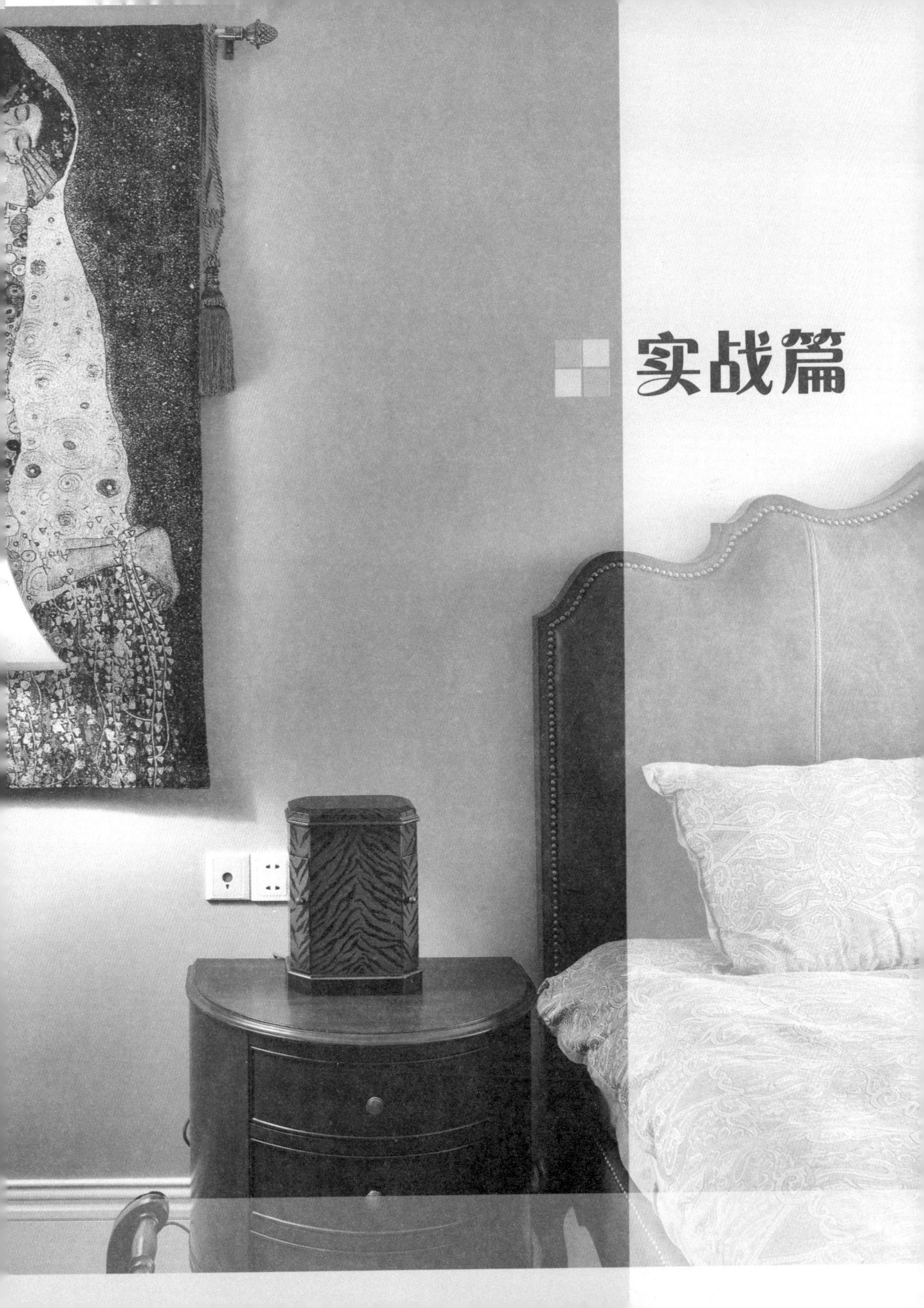

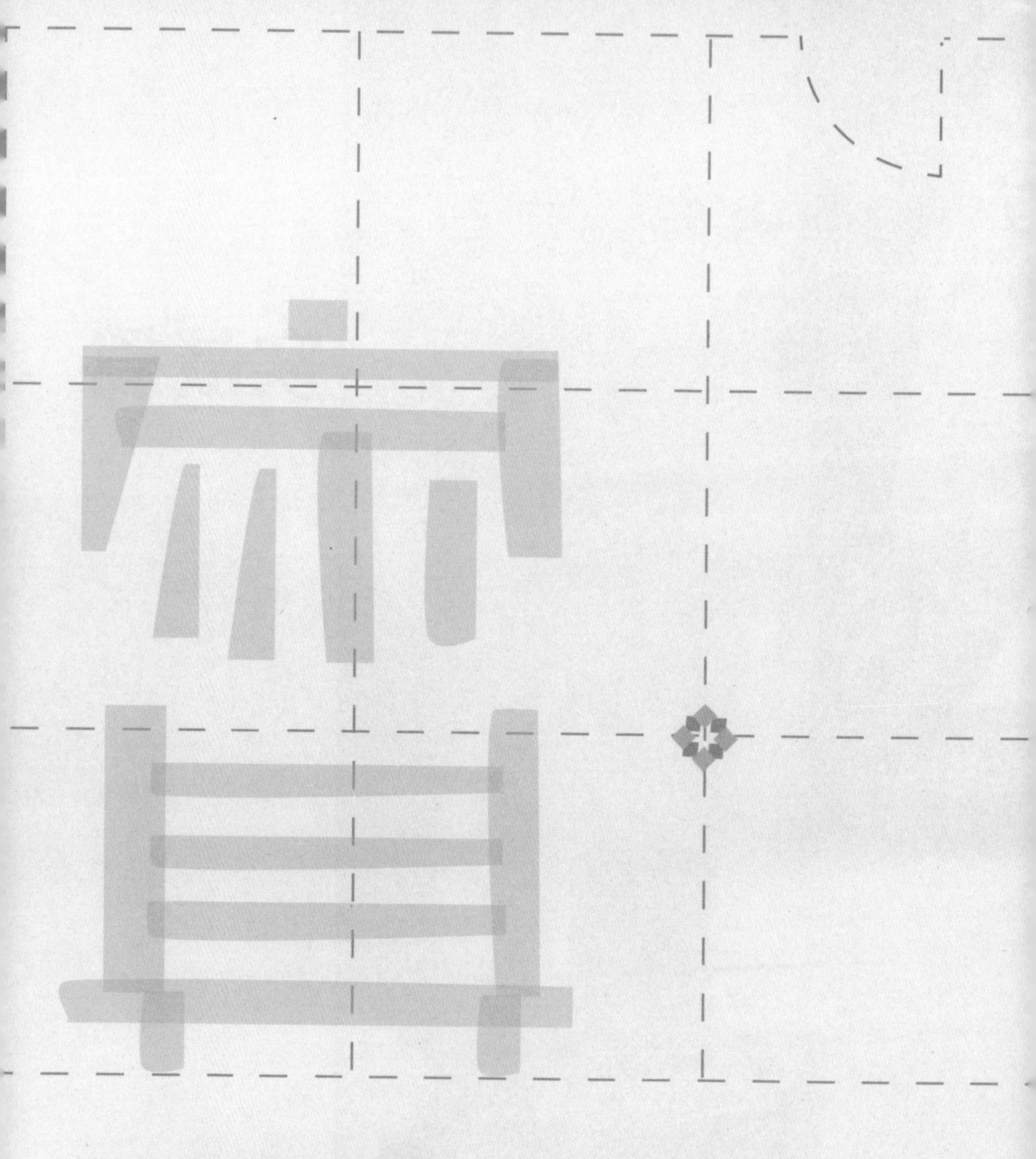

01 家具布置

客厅是招待客人的地方，更重要的还是家人休息和团聚的地方。如果角落堆满了东西，用不到又舍不得丢掉，给生活带来不便的同时会破坏客人对你家的印象。

不同功能空间，装饰要点各有不同

客厅

家具布置的动线要分明，日常生活才不会磕磕碰碰。

家具的布置要有高有低，才能在视觉上产生一种平衡感。

如果组合柜、沙发、茶几都矮，就会因视觉关注点太低而产生压抑感。不妨在低组合柜上摆放一张横放的画，或在组合柜上安装搁板，使整体家具和装饰品更有节奏感。

如果组合柜周围留有太多的空间，则会让空间显得太过空旷。可以选高大宽叶的常绿植物、自然材质的大件装饰品填补空间，装饰品风格要注意与客厅风格相符。

沙发

沙发不能对着大门和走廊，视野要能看到进门的人，否则缺乏私密感和安全感。

人坐着的时候讲究前有视野、后牢固，所以沙发背后要有靠。

沙发后面不适合放鱼缸、花瓶等装水易碎的装饰品，如果不小心打翻，除了伤到人，收拾也很麻烦，也不适合悬挂过重的装饰品。

茶几

沙发是主，宜高大，茶几是宾，宜矮小。如果茶几的面积太大、几腿太高，就是喧宾夺主，视觉失衡。

茶几要比桌子低，人坐在沙发上时，茶几最好不要高过膝盖，否则容易磕碰到。

椭圆形和方形的茶几最好，不过占地方，圆形次之。有尖角的茶几容易磕碰，特别是不适合家有小孩和老人者。

在长方形的客厅里，沙发两旁最好摆放茶几。多功能的组合茶几是最方便收纳杂物的家具之一，组合茶几的收纳功能甚至可与收纳柜相媲美，在茶几的下面设计一个或多个抽屉，可放置很多杂物。

餐厅

餐厅的布置也要有高有低，可利用酒柜、吊灯等营造高空间。

酒柜一般用镜子来做背板，所以最好不要和餐厅入口相对，否则会不经意吓到进出的人。

以吧台代替酒柜的，可以把吧台放置在餐厅的死角或楼梯底部，因为酒吧低矮，可到达灵活运用空间的目的。

很多户型的客厅和餐厅设置在同一空间内，在设计的时候就需要在中间加一个隔断作为空间的界定。这个时候，餐边柜就成了最好的隔断形式。

作为隔断的餐边柜，可以采用半通透的形式，在划分空间的同时，避免造成拥堵感。

卧室

床头最好不要正对着卧室门，否则毫无私密性和安全感可言，而且门外的声音和光线也会影响休息。

床不能靠着窗户，特别是落地大窗。一是开关窗户不方便，二是床上易积尘土，三是容易受风寒，四是室外的声响和雷电风雨容易打扰人的休息。床最好的位置是让睡在上面的人能看到门和窗户，增加安全感和视野。

床的上方不能有大吊灯压顶，空调内机也不能悬挂在枕头上方。卧室的照明宜以壁灯、台灯和落地灯为主，如果需要比较亮的照明光源，可以选用吸顶灯。

音响尽量不要摆在床头，无论电器本身的辐射还是使用时产生的震荡，都对人的健康和休息不利。喜欢开空调和开暖气的房主，可准备一台加湿器，这对人的睡眠健康有很大的帮助。

大师支招

玄关家具的选择：玄关空间通常不大，家具的选择应该以既不妨碍出入，又能发挥功能为前提。矮柜和长凳比较实用，矮柜有较好的收纳功能，可以放鞋、杂物等。矮柜桌面不宜宽，并且最好能倚墙而立，以矮柜作为玄关布置的焦点，在台面摆放鲜花、工艺品或一幅精选的画作，效果都相当不错。如果玄关空间够大，选用半圆桌面的壁桌，更显华贵。

玄关镜：玄关镜在“正衣冠”的同时还能延展空间，一物两用。玄关镜安放的时候要特别注意两点：一是镜子不要正对大门，以免进门时产生错觉；二是玄关天花不宜使用镜面装饰，以免产生头下脚上、乾坤颠倒的感觉。

衣帽架：在玄关设置一个衣帽架，也是相当实用的。许多设计新颖的衣帽架非但不占地方，还能提供大量的储物空间，可以将出入所需的每一样东西收纳在内，如鞋子、帽子、外套、包包、钥匙、雨伞等。

沙发布置有讲究：长方形客厅最好选择“三人沙发＋单人扶手沙发”的组合方式；面积大的客厅最好选择厚重一些的沙发对称摆放，搭配两个同类型的脚凳，这样客厅就会显得很大气；中等面积的客厅则最好选择普通沙发错落摆放。

沙发摆放宜弯不宜直：沙发的摆设宜呈“U”形，这种布置不仅能让客厅中心更为突出，功能性也更为丰富。沿三面相邻的墙面布置沙发，中间放一张茶几，既出入方便、适合交谈，也能环顾周围，对于热衷社交的家庭来说是再合适不过的了。

沙发摆放不宜背后无靠：“靠”即倚靠、靠山，是指沙发背后要有实墙可靠，保证无后顾之忧。如果沙发背后是落地窗、门或通道，会感觉背后空荡荡，容易产生一种背后受袭的感觉，对我们的精神产生不利影响。倘若沙发背后确实没有实墙可靠，较为有效的改善方法是，把矮柜或屏风摆放在沙发背后，以“人造靠山”来予以补救。另外，沙发和座椅的造型一定要坚实，可以选择高背的沙发和座椅，不仅舒适而且也有安全感。

沙发上方不宜有横梁：沙发的正上方如果有横梁，就属于横梁压顶，坐在下面的人会产生压抑的感觉，时间长了会影响主人的精神状态，所以应当尽量避免。如果确实无法避免，有两个变通的办法：一是在装修做天花时把横梁包进去；二是在沙发两旁的茶几上，摆放两盆富贵竹。生长力旺盛、修长挺拔的富贵竹，其纤细、笔直向上的植株形态能从视觉上拉长横梁与地面的距离，带给我们愉悦的感官享受。

沙发勿正对大门： 沙发若是与大门呈一条直线，从大门进入的气流会直接吹到人身上，坐在沙发上的人容易受凉，且容易产生被窥视的感觉，从而坐立不安。遇到这种情况，最好是把沙发移开，如果没有更好的摆放位置，可以在沙发和大门之间做一个屏风遮挡。若沙发朝向房间门则没有太大影响，不需要做特殊处理。

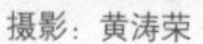
摄影：黄涛荣

摄影：黄涛荣

沙发顶上不宜有灯直射：在沙发顶上安装筒灯或者射灯，由于太接近沙发，灯光从头顶直射下来，会令人产生头晕目眩、坐卧不宁的感觉。如果觉得沙发范围内的光线太暗，可以将射灯调整射向墙面，或采用天花反射光等较为柔和的光源。

沙发背后不宜有镜：

沙发背后不宜用大面积的镜子来装饰。如果从镜子中可以清楚映射出坐在沙发上的人的后脑，坐在沙发上的人会产生跟“背后无靠”一样的错觉。若是镜子在较高的位置或在一侧，便不会产生这种感觉。

摄影：黄涛荣

茶几位置要固定：茶几在使用时，要放在一个比较固定的地方，尤其是玻璃茶几，不要随意地来回移动，以免产生危险。搁放重物或者锐器时，要轻拿轻放，切忌碰撞，挪动时以推动底托运行为宜。

茶几摆放法则：如果客厅比较窄，沙发前的空间不充裕，可以把茶几放在沙发旁边。长方形的客厅，在沙发两旁摆放茶几，会使空间感觉比较饱满。

茶几的高度：茶几的高度要适宜，沙发是主体应略高，茶几是配角宜略矮，以既低且平为原则，不要因刻意追求个性而影响整体效果。茶几面以略高于沙发的坐垫为宜，最高不要超过沙发扶手的高度。

茶几的大小：茶几的形状大小应与沙发围合的区域或房间的长宽比例相配。小空间放大茶几，这便是喧宾夺主的格局；大空间放小茶几，茶几会显得无足轻重。

摄影：黄涛荣

组合柜布局：组合柜用来摆放电视、音响及各种饰物，也是客厅中比较重要的家具。虽然从功能上来说，组合柜的重要性不如沙发，但仍有相当多的细节需要注意。一般来说，组合柜应大小适中，面积大的客厅宜用较高较长的柜子，而面积小的客厅宜用较矮较短的柜子。大客厅用小柜有冷清空洞之感，而小客厅用大柜则会有拥挤压迫之感。

组合柜与沙发之间的摆放法则：中国传统文化以高者为山，低者为水。有高有低，有山有水才圆满。在客厅中，低的沙发感觉像水，而高的组合柜感觉像山，这是最理想的搭配。倘若采用矮组合柜，则沙发与组合柜均矮，整体视觉焦点太低，令人感觉不舒服，必须设法改善。

解决办法：在矮组合柜上摆放一张装饰画，令组合柜变相加高，比沙发高出一些，这样既简单易行又行之有效。

CENTURY

组合柜上的装饰布局：矮组合柜所靠的墙面上大多会挂些字画以作装饰。中式风格的家居宜选择以“山水”为题材的国画，欧式风格家居则宜选择以“风景”为题材的油画或水粉画，这样更显居室的开阔。如果不想在矮组合柜上方挂画，也可以在墙上错落地钉上几块搁板，然后把饰物摆放在搁板上，能达到同样的效果。高组合柜，一般都会在柜子上面摆设一些饰物，这些饰物在选择时必须注意安全，避免被碰落砸到人。

家具搭配和谐最重要

家具的摆放分为对称（规则）式和自由式两类；小空间的家具布置以集中为主，大空间则以分散为主。

如果家具的造型线条不够柔和，可以用高低错落的植物曲线来平衡家具单调的直线，局部则采用大小不一的挂画和工艺品装饰，创造家的温馨感。

很多情况下，我们都会有一部分已经在使用的家具，只需要再补充一些。这时要特别注意新旧家具的和谐搭配。方法一是把原有的家具重新上色，与想要买的家具统一；方法二是在选购家具时，不能单看这件家具好不好看，而是尽量与原有家具般配，保证家具风格和颜色的统一。

到了卖场，很多人都会根据自己的爱好来选择家具，但在选择家具色彩时，更要注意与房间的大小、室内采光的明暗相结合，并且要与墙、地面的颜色相协调，但又不能太相近，不然没有了相互衬托，也不能产生良好的效果。因此不妨带着墙壁颜色的色卡到卖场进行搭配。

浅色家具（包括浅灰、浅米黄、浅褐色等）可使房间产生宁静的气氛，扩大空间感，使房间显得明亮爽洁；中等深色家具（包括中黄色、橙色等）色彩较鲜艳，可使房间显得活泼明快；面积较小、光线差的房间，不宜选择太冷、太暗的色调，会使室内显得低沉压抑。

大师支招

餐桌材质：选择餐桌首先要注重实用性，桌面最好是不易划伤且容易清洁的材质，桌腿最好是中间基座的款式，这样人们在餐桌旁来回走动时不会磕到脚。在满足实用性的同时，餐桌还要和主人的个性、审美倾向及整个家居的风格协调起来，或形成错落有致的视觉层次感，或追求水乳交融的统一和谐美。

玻璃餐桌前卫明快：玻璃餐桌容易清理、环保无污染、不会变形、简洁时尚。在搭配方面，玻璃餐桌能更好地与其他各式家具形成良好的搭配组合。目前市场上的玻璃餐桌多为钢化玻璃材质，虽然坚硬耐高温，但必须仔细挑选合格的强度高的强化玻璃餐桌，以免因食物高温引起桌面爆裂。有幼儿的家庭则尽量不要选择玻璃餐桌。

大理石餐桌奢华美观：大理石餐桌分为天然大理石餐桌和人造大理石餐桌。天然大理石餐桌高雅美观，但是价格相对较贵，且由于有天然的纹路和毛细孔，油污容易渗入，不易清洁。人造大理石餐桌密度高，油污不容易渗入，更易保洁。冬天时大理石餐桌台面非常寒凉，有老人和小孩的家庭最好铺上餐布。

实木餐桌自然温馨：实木餐桌既有亲和力，又环保，具有天然、健康的自然与原始之美。木质餐桌虽然没有玻璃、石材、金属质地坚固，但它性质温和，少了那种冷硬的感觉。餐桌本来就是一家人聚在一起吃饭、喝茶、聊天的地方，因此有着温暖气息的木质餐桌更让人亲近。

餐桌形状的选择：普通家居最好选择圆形、椭圆形、正方形或长方形的餐桌。传统的圆形餐桌形如满月，象征一家老少团圆，能够很好地烘托进食的气氛。而且，圆形餐桌比方餐桌所占空间要小，座位临近，感觉更亲切、温馨，可以说圆餐桌是小型餐厅的不二之选。正方形和长方形餐桌，虽然四边有角，但因为不是尖角，所以不会造成危险，并且方正平稳，因此也是很好的选择。

餐桌大小：餐桌大小应与餐厅面积相匹配。如果餐厅面积很大，则可选择质感厚重的餐桌和扶手椅，扶手椅在使用时可将胳膊放在上面，感觉会更舒适，在空间较大的情况下，是比较好的选择。如果餐厅面积有限，则可选择折叠式或者伸缩式餐桌。如果餐厅面积并不宽敞，却摆放大型餐桌，就会形成厅小台大的局面，不仅出入不便，还会显得比较拥挤。

摄影：黄涛荣

挑选家具的十个秘诀

家具材料是否合理

不同的家具，表面用料是有区别的。如桌、椅、柜的腿，要求用硬杂木，比较结实、能承重，而内部用料则可用其他材料；大衣柜腿的厚度要求达到2．5厘米，太厚就显得笨拙，薄了容易弯曲变形；厨房、卫生间的柜子不能用纤维板做，而应该用三合板，因为纤维板遇水会膨胀、损坏；餐桌则应耐水洗。发现木材有虫眼、掉末，说明烘干不彻底。检查完表面，还要打开柜门、抽屉门看里面内料有没有腐朽，可以用手指甲掐一掐，掐进去了就说明内料腐朽了。开柜门后用鼻子闻一闻，如果冲鼻、刺眼、流泪，说明胶合剂中甲醛含量太高，会对人体有害。

家具四脚是否平整

将家具放在地上一摇便知，有的家具只有3条腿落地。看一看桌面是否平直，不能弓了背或塌了腰。桌面凸起，玻璃板放上会打转；桌面凹进，玻璃板放上一压就碎。注意检查柜门，抽屉的分缝不能过大，要讲究横平竖直，门不能下垂。

家具结构是否牢固

小件家具，如椅子、凳子、衣架等在挑选时可以在水泥地上拖一拖，轻轻摔一摔，如果声音清脆，说明质量较好；如果声音发哑，有噼里啪啦的杂音，说明榫眼结合不严密，结构不牢。

桌子可以用手摇晃摇晃，看看稳不稳。沙发可坐一坐，如果坐上一动就吱吱嘎嘎地响，一摇就晃，则是钉子活，用不了多长时间。

方桌、条桌、椅子等腿部都应该有4个三角形的卡子，起固定作用，挑选时可把桌椅倒过来看一看，包布椅可以用手摸一摸。

贴面家具拼缝严不严

不论是贴木饰面、PVC 还是贴预油漆纸，都要注意皮子是否贴得平整，有无鼓包、起泡、拼缝不严等现象。

检查时要冲着光看，否则看不出来。就木饰面来说，刨边的木饰面比旋切的好。识别二者的方法是看木材的花纹，刨切的木饰面纹理直而密，旋切的木饰面花纹曲而疏。刨花板贴面家具，着地部分必须封边，不封边板就会吸潮、发胀而损坏。一般贴面家具边角地方容易翘起来，挑选时可以用手抠一下边角，如果一抠就起来，说明用胶有问题。

家具包边是否平整

封边不平，说明内材湿，几天封边就会掉。封边还应是圆角，不能直棱直角。用木条封的边容易发潮或崩裂。三合板包镶的家具，包条处是用钉子钉的，要注意钉眼是否平整，钉眼处与其他处的颜色是否一致。通常钉眼是用腻子封住的，要注意腻子有否鼓起来，如鼓起来说明不行，腻子会慢慢从里面掉出来。

镜子家具要照一照

挑选带镜子类的家具，如梳妆台、衣镜、穿衣镜，要注意照一照，看看镜子是否变形走色，检查一下镜子后部水银处是否有内衬纸和背板，没有背板不合格，没纸也不行，否则会把水银磨掉。

油漆部分要光滑

家具的油漆部分要光滑平整、不起皱、无疙瘩。边角部分不能直棱直角，直棱处易崩渣、掉漆。家具的门子里面也应刷一道漆，不刷漆板子易弯曲，又不美观。

配件安装是否合理

检查一下门锁开关灵不灵；大柜应该装 3 个暗铰链，有的只装 2 个就不行；有的该上 3 个螺丝的，却偷工减料，只上一个螺丝，用用就会掉。

沙发、软床要坐一坐

挑沙发、软床时，应注意表面要平整，不能高低不平；软硬要均匀，不能这块硬，那块软；软硬度要适中，既不能太硬也不能太软。

挑选方法是坐一坐，用手摁一摁，平不平，弹簧响不响，如果弹簧铺排不合理，致使弹簧咬簧，就会发出响声。其次，还应注意绗缝有无断线、跳线，边角牙子的密度是否合理。

颜色要与室内装饰协调

白色家具虽然漂亮，但时间长了容易变黄，而黑色的易发灰，不要当时图漂亮，到最后弄得白的不白，黑的不黑。一般来说，仿红木色的家具不易变色。

大师支招

书房座椅的选择：首先要看坐垫。好的椅子坐垫一般都比较厚，柔软舒适，而且坐垫的曲线与我们身体的曲线要匹配，这样才能起到很好的支撑作用，也是保证舒适度的关键。另外，书房最好选择带有靠背的座椅，这种座椅的舒适性和安全性比较好，在学习或工作疲劳的情况下不会出现后仰摔倒的危险。

书桌朝向：书桌应面对门口摆放，但是最好错开一些，否则会受门外气流和噪音的影响，无法集中精神工作和学习。不应背对门口，否则会在无意识中分散一部分精力去关注背后的情况，造成工作效率低下。

书柜摆放：书柜是书房里必不可少的家具，应摆放在靠近书桌的位置，便于存取书籍，以免分散精力。书柜除了摆放书籍，还可留出一些空间放置工艺品和小盆栽，以活跃气氛，缓解疲劳。

卧室是所有房间中最为私密、个性的地方。卧室环境会直接影响我们的休息和睡眠质量，因此家具的摆设要特别注意，力求达到舒适、方便、温馨。常用的卧室家具有床、衣柜、床头柜、梳妆台等。在布置的时候要注意尽量缩短交通路线，以争取比较多的有效利用面积。

床的摆放位置：床的关键是要让躺在床上的人可以看到卧室的门、窗，并且能充分享受到室外的自然空气和阳光，愉悦心情。当然最好选择南北朝向的房间做为主卧，通风采光均为最佳。

床头不可紧贴窗口：窗户是通风换气的主要渠道，阳光由此洒入，空气在这里循环。如果床头紧挨窗口，躺在床上的人容易被不稳定的气流吹到，且因为看不到后上方窗外的景象，容易缺乏安全感，造成精神紧张，影响健康。

床头宜背靠实墙：床头宜紧贴墙壁摆放，避免留空。若床两头皆不靠墙，睡在床上的人会缺乏安全感，容易精神恍惚，影响睡眠和健康。另外，如果是床头靠柱子，除了会产生压抑感以外，柱子两侧的凹位和床头形成的死角空间也不方便打扫卫生。

摄影：黄涛荣

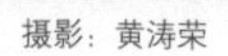

摄影：黄涛荣

摄影：黄涛荣

床应加高离开地面：床面高度应以略高于就寝者的膝盖为宜，太高则上下吃力，太低则总是弯腰不方便。床底必需保持清洁，最好不要堆积杂物，否则会积聚灰尘和湿气，容易引发呼吸道疾病和风湿类疾病。

卧房不宜摆过多的植物：过多的花草植物不仅会聚集湿气，而且植物在夜间吸收氧气释放二氧化碳，会影响空气质量，危害人体健康。

摄影：黄涛荣

摄影：黄涛荣

摄影：黄涛荣

床头柜应略高于床头：床头柜略高于床头，阅读和取用物品时会更加方便，且会产生一点遮挡和倚靠的效果，有利于提升睡眠质量。

衣柜的摆放：衣柜和床要有一定的间距，以能打开柜门、方便起卧和能随意走动为宜。而且，衣柜外形高大，如果紧贴床位摆放，会在卧室主人休息时形成压迫感，从而影响身心健康。

儿童房家具：好的儿童家具应富于变化、易于配套，在设计上应充分考虑到孩子的成长性。儿童房家具要少而精，最好是多功能、组合式的，这样才能更合理巧妙地利用室内空间。家具应尽量靠墙壁摆放，以扩大活动空间。书桌应安排在光线充足的地方，床要离开窗户。儿童家具安全最重要，要买边角圆滑的桌椅，组件要牢靠，折叠式的桌、椅上应设置保护装置，避免夹伤孩子。尽量不使用大面积的玻璃和镜子，电源插座最好选用带有安全插座保护罩的。

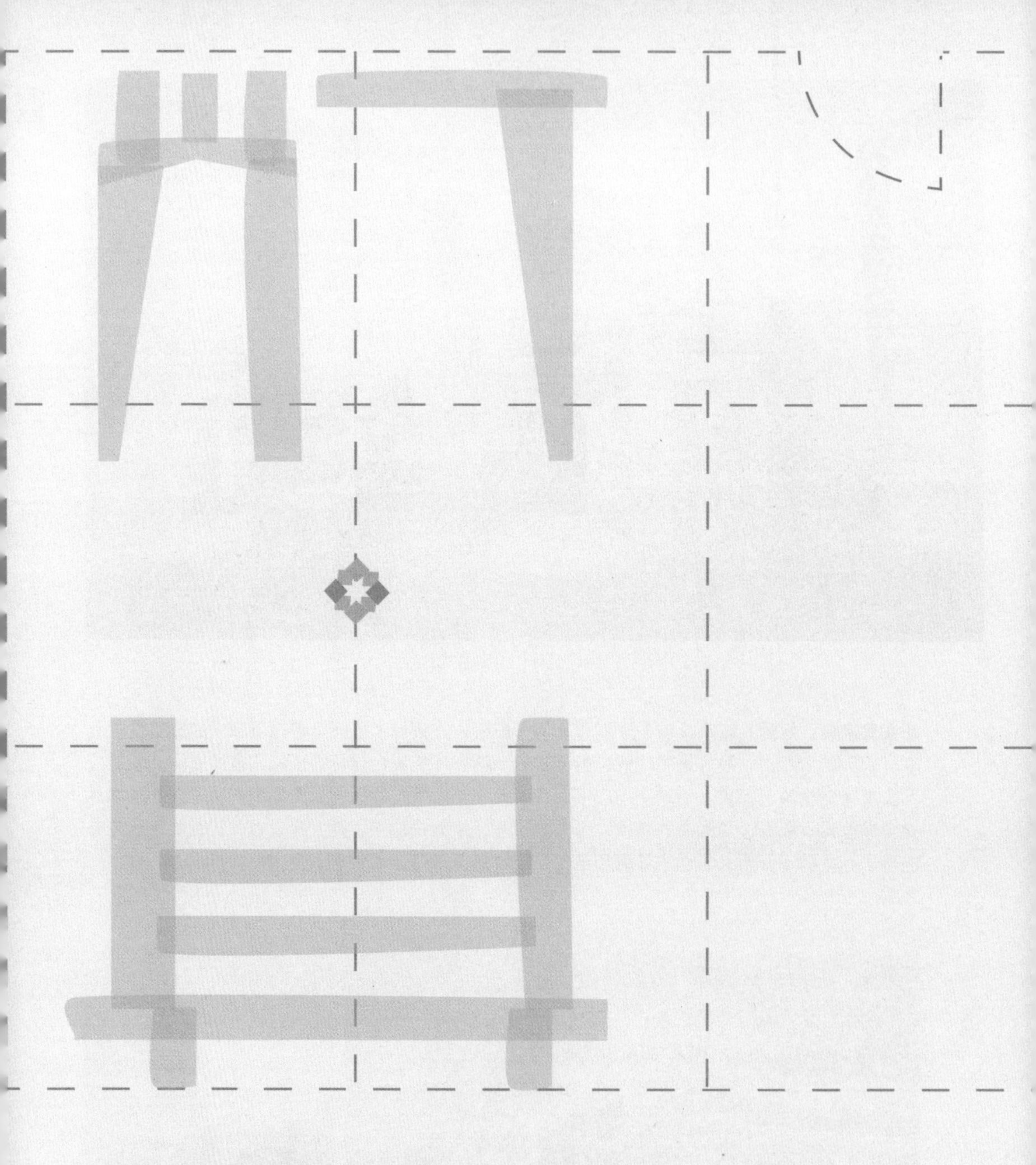

02 照明灯具

有人认为灯饰仅仅是照明，无需用心经营，而实际上，灯所产生的投影效果和情调是多变的，例如透明灯罩透出的光线射向四周，能产生柔和飘逸的效果；不透光的灯罩能将光线聚拢，产生集中照明的效果。此外，为居室换个颜色很难，但是换个灯泡或灯罩却不难，所以灯光是居室气氛的创造大师哦。

用好灯光可催动家庭氛围

赞

√除了要考虑灯具的大小、造型外，灯具安装还要根据家具的风格、墙面的色泽来选择颜色，包括灯具的颜色和灯光的颜色。

√电视机和电脑屏幕的光线很强，长时间看会损害眼睛，可以在旁边安装一个亮度适当的壁灯或台灯，以增加灯影的过渡。

√如果居室中的走廊比较阴暗，可以在走廊设置一盏长明灯，既能照明，又不会过分刺眼。带有尖锐棱角的灯具造型要避免，以免在狭窄的空间中碰到。

√蜡烛能营造浪漫的气氛，提供冥想的环境，但要避免摆放对称的白蜡烛，让人产生不好的联想。

弹

× 选用蜡烛造型的白色吊灯。
化解：会让人有不好的联想，尽量不要选。

× 三支灯并排，看起来就像三支香。
化解：两两对称或者错落有致地安装。

× 床的正上方装吊灯，会增加人的心理压力，也会在头顶形成太多的光线干扰。
化解：如果需要在床的上方安装灯具，最好安装吸顶灯。

× 居室中“横梁压顶”的情形无法通过装修来化解，带来强大的心理压力。
化解：可在梁下两端安装壁灯，用向上照射的灯光来缓解“横梁压顶”的压抑感。

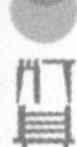

× 在客厅、餐厅和阳台等地方装上五颜六色的彩灯，本来想营造节日气氛，结果显得与整个装修风格格格不入。

解决办法：彩灯颜色不宜过多，可以在灯的造型上进行变化。

× 确定灯光位置时常见的三个问题：一是灯饰太多，光线刺眼；二是光源单一，冷光太多；三是颜色杂乱，刺激神经。

解决办法：室内的光线应尽量保持柔和均匀，无眩光和太重的阴影。

大师支招

灯光设计是家居设计的灵魂：灯光是空间的灵魂，不同大小、造型、色彩、材质的灯饰能为空间营造出不同的光影效果，展现出不同的居室表情。通过合理的灯光设计可以营造出或温馨或浪漫的不同气氛及多重意境。在家居灯光的设计上，客厅要丰富有层次、餐厅要浪漫有格调、书房和厨房要明亮实用、卧室要温馨舒适、卫生间要柔和清爽。

家居灯饰的分类：室内家居灯具按安装方式可分为吊灯、吸顶灯、壁灯、射灯、台灯、落地灯。

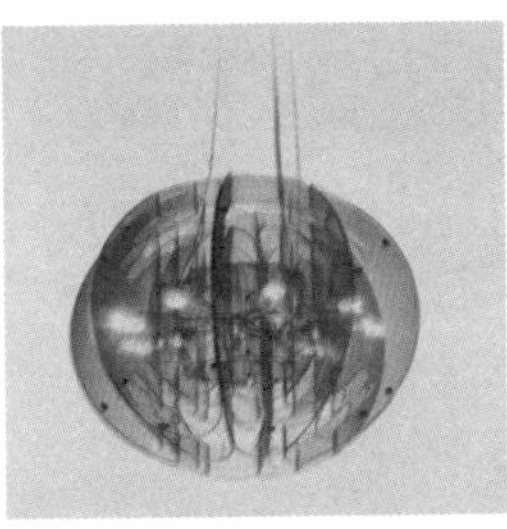

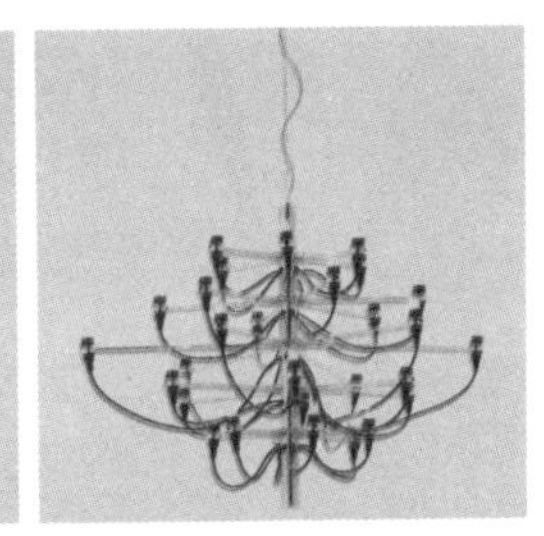

吊灯：现在的吊灯基本都可以调节高度，可适合不同高度的空间需求。但是最好不要吊得太矮，以免阻挡视线或令人觉得刺眼。吊灯在家居中一般用于客厅、卧室、餐厅和走廊。吊灯的花样繁多，常用的有欧式烛台吊灯、中式吊灯、现代时尚吊灯、水晶吊灯等。通常吊灯的灯座较多，由多个小灯座组合而成，比较耗电，可尽量选择节能的光源。最好不要选择有电镀层的吊灯，时间长了易褪色。

客厅吊灯的选择： 面积在20平方米以上，层高超过2.5米的客厅，可以选择外观新颖、风格各异的吊灯。但是如果客厅的面积比较小，或者层高比较矮的话就最好选择吸顶灯。豪华的吊灯一般适合大空间或者复式住宅，简洁的吊灯适合一般住宅。水晶吊灯上的灰尘不易清理，消费者最好根据当地的环境来决定是否选择水晶吊灯。

餐厅吊灯的选择：餐厅灯在满足基本照明的同时，更注重的是营造一种进餐的情调，烘托温馨、浪漫的居家氛围。应尽量选择暖色调、可以调节亮度的光源（暖光更易衬托食物的色彩增进食欲）。餐厅往往与客厅或厨房相邻，所以餐厅灯具就要与相邻空间的装饰风格相匹配。如果是独立式餐厅，那灯具的选择、组合方式只要配合餐厅家具的整体风格就可以了。

餐厅吊灯高度：餐厅如果是以吊灯作为主光源，就要根据餐厅的高度、大小和餐桌的高度来确定吊灯的悬挂高度。大多数吊灯的吊链长度都是需要在安装前就调节好的，一般以家中最高的人碰不到头为准，如果吊灯位于餐桌正上方则与桌面相距 55 ~ 65 厘米为宜。

乡村工业风格吊灯脱离了传统的吊灯外观设计，玻璃的清透搭配铁艺金属的质感更具历史韵味。暖暖的灯光散发着浓浓的复古风情。

如果想在卧室悬挂水晶吊灯，那么应该选择精致小巧的小型水晶吊灯。但是从心理学的角度来看，卧室装吊灯也会增加人的心理压力，建议保持床正上方屋顶的空旷，在床边使用光线柔和的落地灯或台灯。

如果卫生间的面积够大，也可以选择吊灯作为光源，但要选用有密封式灯罩和防潮功能的吊灯。

吸顶灯：可以紧贴屋顶，吸附在屋顶上的一种灯具，与吊灯相比照明范围更广。因为吸顶灯是直接安装在屋顶上的，就避免了顶部缺乏光源的问题，可以更大范围地照明，层高不高的情况下还可以避免空间压抑的感觉，价格也比较便宜，样式相对简朴一些。适合于客厅、卧室、厨房、阳台、卫生间等空间的照明。

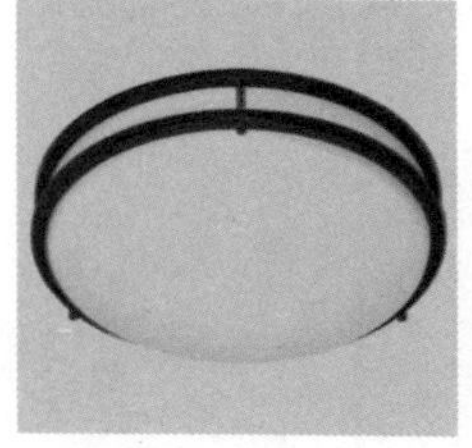

灯光暗亮冷暖的选用

客厅与餐厅

客厅属于公共空间，光照要足，角落采用向上打光的灯，既可使天花板显得高远，又显得光线柔和。吊灯最低点离地不能少于 2.2 米，否则会让人感到压抑。

客厅沙发旁，可增加落地灯或安装别致的壁灯增加情趣，安装时要注意灯的高度与人坐在沙发上时的高度相配合。落地灯要避免用易碎的材质，如玻璃等，以防不小心绊倒灯时伤到人。

柔和的餐厅灯光能增加用餐的温馨气氛。餐桌比较长的，可以安装一排吊灯，注意适当降低亮度，使各个方位的灯光都能均衡分布。

餐桌顶灯可选用暖光源，使食物看起来更加诱人;其他灯可选用冷光源，使并不宽敞的空间显得清爽。可调节亮度的顶灯也不错，吃饭时使用低亮度灯光显得浪漫而舒适，其他时间可使用明亮的光线。

卧室

可在天花板四周安装嵌入式牛眼灯，或者使用台灯、落地灯，符合卧室需要灯光柔和的照明效果。角落里设几盏射灯，通过不同颜色的灯泡来营造卧室气氛和改变色调。

卧室光线不宜过亮过白，因为卧室是静息之所，强光会使人心境不宁，选用暖光能使卧室更温馨，要注意避免产生眩光和阴影。可变换角度的床头灯可避免晚上看书时影响别人。

书房的照明原则是以满足照明要求为准，不适合在里面安装射灯，容易使人眼睛疲劳。

厨房与卫生间

厨房适合散射灯和冷色调的灯光，能够提供更加充分的照明。卫生间适合选择偏冷色调的光源。

厨房采用吸顶灯或嵌入式灯光，可以减少油烟沾染灯具。易拆卸清洗的灯罩能避免搞卫生时的烦恼。卫生间环境潮湿，灯具要安装相应的防雾罩。

开放式厨房的灯具要注意和餐厅形成系统性，并要根据生活的需要适当增加一些局部光源，如洗碗池、操作台等地方要有足够的照度。

洁具正上方的射灯能充分表现洁具光滑亮泽的质感，镜子上方安装筒灯能避免水蒸气对视线的影响。

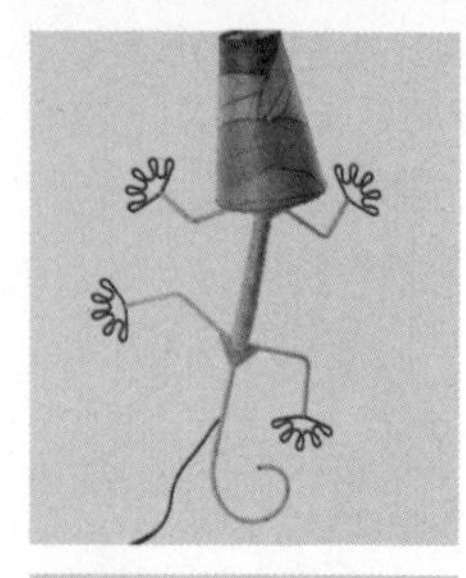

大师支招

壁灯是走廊的点睛之笔，它所起的作用相当于射灯照耀下的一幅壁画。在走廊两侧或尽头的墙壁上装一盏和家居风格协调又独特的壁灯，可以让狭窄又沉闷的走廊立刻生动起来。

壁灯：壁灯多用于阳台、楼梯、走廊以及卧室，适宜作长明灯。壁灯安装高度应略超过视平线，以 1.8 米高左右为宜。壁灯光线柔和一些会更富有艺术感染力。

床头壁灯通常装在床头的左右上方，灯头可万向转动，光束集中，便于阅读。如果床头要安壁灯，最好安一对，视觉更平衡。

台灯：家居用台灯分为工艺台灯和书写台灯两类。工艺台灯对照明效果要求不高，强调艺术造型和装饰效果，以不同的材质和造型配合风格多样的家居装饰，例如有色玻璃漫射式照明台灯和纱罩台灯。书写台灯的强调重点则是照明效果。

居室台灯已经远远超越了台灯本身的价值，变成了一个不可多得的艺术品。在轻装修重装饰的理念下，台灯的装饰功能也就更加明显了。

奢华怀旧的欧式古典台灯。

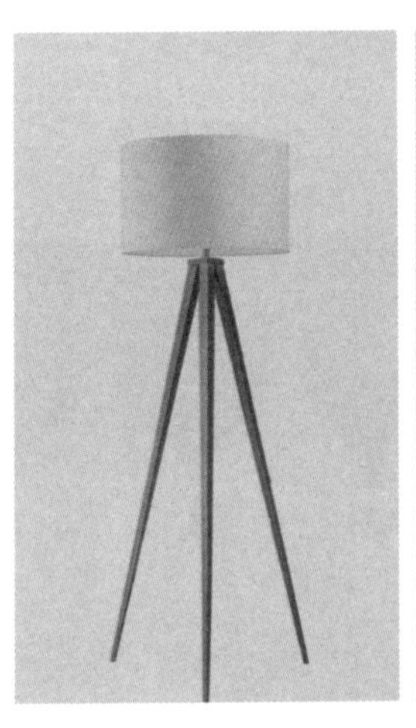

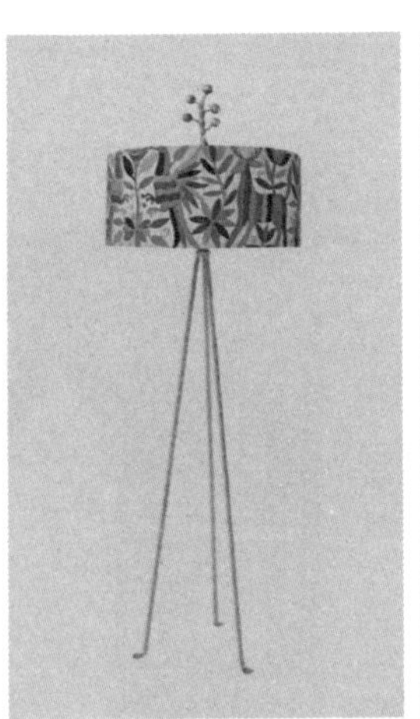

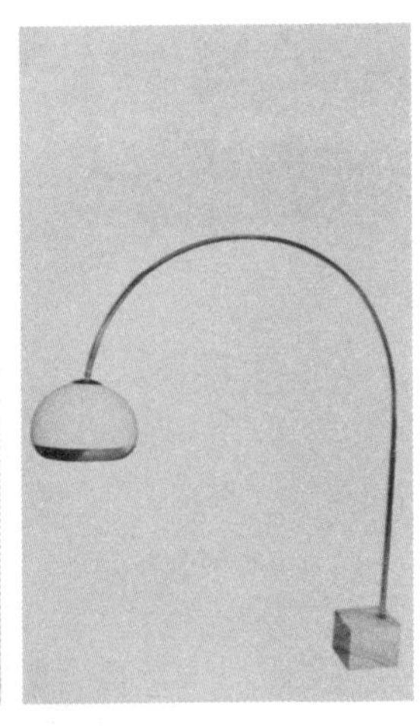

落地灯：常用作局部照明，方便移动，一般布置在客厅和休息区，与沙发、茶几配合使用，以满足房间局部照明和点缀家庭环境的需求。落地灯最好能调节高度和灯罩角度，且不能放置在高大家具旁或妨碍活动的区域里。

在沙发或床边放一盏落地灯，看电视时可以增加一点温和的辅助光源，减少电视屏幕光线对眼睛造成的刺激。

筒灯和射灯：筒灯相对于普通照明灯具更具有聚光性，一般用于普通照明或辅助照明，光源可以用白炽灯或节能灯，有明装和暗装两种安装方式。射灯是一种高度聚光的灯具，主要是用于特殊照明，比如强调某副装饰画或者某个很有创意的局部设计。但是射灯不宜安装过多，不然会形成光污染，难达到理想效果。射灯工作时会产生高温，所以一定注意安全距离并且购买优质射灯，不然会有安全隐患。

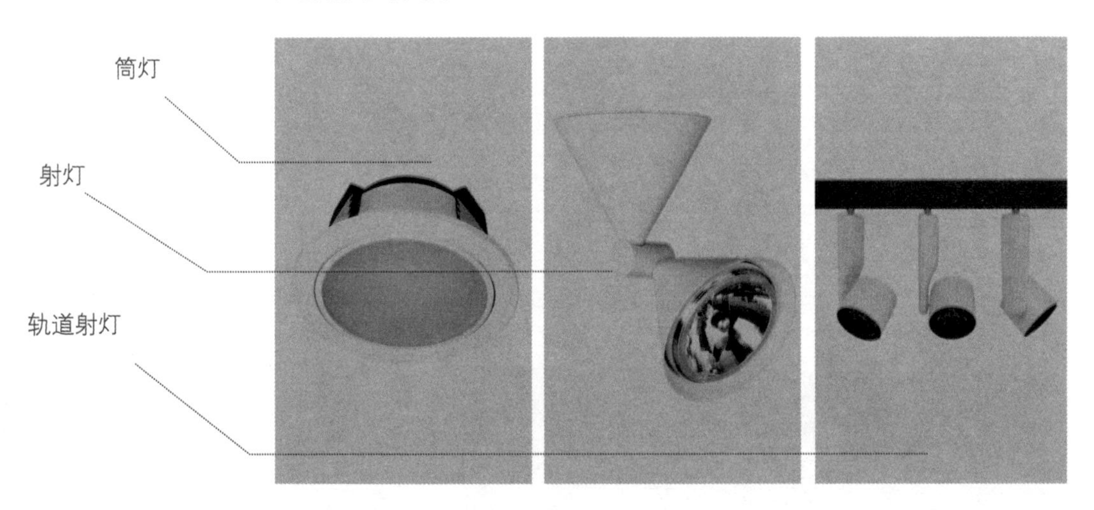

03 布艺地毯

家居软装很大程度上是布艺软装饰。布艺软装比其他装饰手法实惠且便捷，只要增加一个靠垫，变换一处细节，你的居室就会立即变成另一种风格，创造出视觉上的焦点，更是体现个人品位的利器。布艺软装主要包括靠垫、窗帘、床品和地毯。

靠垫和床品营造舒适家

装修 Tips

× 窗帘、桌布、沙发套和地毯等这些家居软装布艺，很多人买回后就直接使用。其实，它们在生产过程中，常会加入人造树脂等助剂，以及染料、整理剂，其中都含有甲醛。
解决办法：布艺买回后别忙着立刻使用，要先在清水中充分浸泡，然后放在室外通风处晾晒几天，以减少残留在上面的甲醛含量。

× 深色布料，以及经抗皱、柔化等特殊处理的布料，甲醛含量更大。
解决办法：选购时，不要买有刺鼻异味的软装布艺，颜色越浅产生的污染就越少。

× 为了节约空间用真空袋把棉被吸得扁扁的，拿出来后很难恢复原来的蓬松度。
解决办法：收藏时不要将空气全部吸走，并且要经常晾晒。

× 存放床品时在柜子里铺报纸，但报纸油墨有害，又容易脱色。
解决办法：拿已经不穿的衣服或布料铺底比较好。

× 不管布艺品的特点用途，只根据自己喜欢的图案和颜色来买。
解决办法：客厅可以选择华丽的面料，卧室要选择柔和舒适的面料，餐厅和厨房要选择耐脏易清洗的面料，卫生间要选择不容易发霉的面料。

大师支招

靠垫用途多：靠垫是实用的装饰品，可以调节人体的坐卧姿势，使身体与家具结合得更紧密，坐卧更加舒适。靠垫既可以放在沙发上当腰垫，又可以放在地上当坐垫，还可以放在床上当枕头。

靠垫的风格：常见的靠垫风格跟家居风格一样，有中式风格、现代风格、欧式风格等，不同的风格有着不同的元素点缀。靠垫的选材广泛，如一般的棉布、绒布、锦缎或麻布等均可。当然，还可以利用平时积攒的碎布、毛线甚至是淘汰的旧衣物来 DIY 自己喜欢的、独一无二的靠垫，既经济环保，装饰性又强，内芯可用海绵、丝棉或荞麦皮等充填。

沙发巾：沙发巾可以说是家居软装中最实用、最经济、最体贴的装饰品。各式各样的沙发巾为我们的生活增加了许多色彩。在季节转换或者需要营造节日气氛时，购置一款风格独特的沙发巾，可以让家瞬间改变。沙发巾运用灵活，可以根据室内整体风格的变化，做出相应的调整，而且不同质地、颜色、花纹的沙发巾可以让沙发更漂亮。

靠垫能调节空间的氛围：靠垫与居室的整体环境一般呈衬托关系，当室内总体色调比较单一或比较沉闷时，可以通过添加一些色彩鲜艳、图案活泼的靠垫来活跃气氛。不同造型的靠垫能在居室环境中起到不同的点缀效果。比如，方形靠垫庄重，圆形靠垫在端庄中略显活泼，糖果形靠垫、仿动植物形靠垫则更加生动有趣。

床品要点：卧室主体色调是整体，床品是局部，局部不能喧宾夺主，只能起点缀作用，要有主次之分。颜色不要太多、太杂。浅色调卧室，最好搭配深色或较鲜艳的床品，光线暗的卧室就千万不要选择深色的床品。装饰线条比较繁复或者家具比较多的卧室就要选择简洁、大方的床品，如纯色、条纹、格子之类。

面积大价格贵，选窗帘要谨慎

光照与窗帘

选窗帘的学问，与阳光照射的方向有关，更与窗帘的颜色、厚薄、质地有关

方位	光线特征	选择窗帘
东边窗：享受第一缕阳光	东边的光线伴随着早晨的太阳射入屋内，迅速地聚集大量光线，热气也会通过窗户迅速扩散到室内，气温由夜晚的凉爽快速转为高温，特别是夏天天亮得早，非常影响睡眠	可以选择窗帘本身不会贮藏热量的百叶帘和垂直帘，并通过淡雅的色调和折叶调和耀眼的光线
南边窗：防止大量紫外线	南边窗一年四季都光线充足，是房间最重要的自然光来源，能让屋内呈现淡雅的金黄色调。但是，自然光含有大量的热量和紫外线，特别在炎热的夏季，这样的阳光显得有些多余	日夜帘是不错的选择，下面遮光帘的强遮光性和强隐秘性，让人在白天也能享受到夜晚的宁静。需要光照时只拉上面的纱帘，就能透光，将强烈的日光转变成柔和的光线，满足全天的采光需求
西边窗：拒绝夕晒保护家具	夕晒使房间温度增高，尤其是炎热的夏天，下午要关闭窗户拉上窗帘，阻隔热量	应选用强效阻隔紫外线的窗帘，给家具一些保护
北边窗：尽情享受自然光	光线从北边窗进入家中，均匀且明亮，是最具情调的自然光源之一	为了使光线能更充分的照射进来，可选择百叶帘、卷帘和透光效果好的布帘

大师支招

窗帘选择：窗帘的主要作用是与外界隔绝，保持居室的私密性，同时它又是功能性和装饰性完美结合的室内装饰品。我们可以根据不同的居室要求选择不同的窗帘，如隔热保温窗帘、防紫外线窗帘、单向透视窗帘、卷帘、遮阳帘、隔音帘、天棚帘、天幕帘、百叶帘、罗马帘、木制帘、竹制帘、金属帘、风琴帘、水波帘、电动窗帘等。

窗帘不宜过于厚重华丽： 窗帘太厚会有沉重感，过分华丽的材质和图案会喧宾夺主产生距离感，素色或有简单花纹图案的窗帘才是最佳选择。

儿童房窗帘应活泼又个性： 儿童房的窗帘一般通过可爱的卡通图案、鲜明的色彩和个性的造型来讨小主人的欢心。为孩子选购窗帘时，要注意环保。

卷帘：卷帘是时尚精美的，不同的颜色、款式会有不同的装饰效果。卷帘外表美观简洁，窗框看起来干净利落。当卷帘放下时，能让室内光线柔和，达到很好遮阳效果；当卷帘升起时它的体积又非常小，不易被察觉，可以让房间看上去更加宽敞。

摄影：黄涛荣

窗帘色调的选择：偏暗的北向房间，窗户透过的光线十分均匀，是最具情调的自然光源之一。透光效果好的白色或浅蓝色窗帘，是比较好的选择。采光较好的朝阳房间，则最好选择米色、黄色或橘色窗帘，以便将强光调节成柔和的散光。

竖纹窗帘可让房间变“高挑”：层高不够或者吊顶过低都会给人一种压迫感。素色或竖条纹的窗帘，简单明快，能够减少压抑感，拉长空间比例。另外想要房间变得“高挑”，尽量不要做帘头。

浅色窗帘使房间变“宽敞”：底层和朝向不好的房间，光线昏暗，选择窗帘时，要以浅色为主，图案应是小巧型的。建议采用有光泽的窗帘，如棉加丝面料的窗帘，还可以选择“纱帘”等透光面料，或是根据装修设计风格选择百叶窗。

布艺

地毯大小、花纹有讲究

如果客厅空间较大，可以选择厚重耐磨的地毯。面积稍大的最好将地毯铺设到沙发下面，形成整体划一的效果。如果客厅面积不大，应选择面积略大于茶几的地毯。

浅色、大图案的地毯会让房间看起来小一些，而深色、小图案的地毯则有放大空间的效果，所以地毯的颜色和纹样除了按照喜好，还要根据房间的大小来选择。

地毯的表面多绒，可以有效地吸收光线和声波，同时保护人免受磕碰，但是相应地藏纳的灰尘也多，较难清洗，最好只放置在卧室、书房这样较少人走动的地方。

地毯材质大比拼

地毯材质	优点
羊毛地毯	羊毛地毯质地舒适，主要用于星级以上宾馆和豪华住宅。羊毛的密度和厚度决定了地毯的耐磨性，经过特殊处理后的羊毛地毯具有抗静电的能力。
混纺地毯	品种多，常以毛纤维和各种合成纤维混纺，混纺地毯在兼顾羊毛地毯舒适度的同时，克服其不耐虫蛀及易腐蚀等缺点。
化纤地毯	以尼龙、优质腈纶、丙纶纤维加工制成，外观与手感似羊毛，耐磨而富有弹性，具有防污、防虫蛀、易清洁等优点，特别适合家中有小孩的家庭。
草编地毯	采用干草、琼麻或椰子纤维织造而成，具有平衡湿度、保持室内干爽的功能，适合夏天使用，也很适合田园风格的室内装饰。

地毯与居室朝向：南向或东南向的居室采光面积大，最好选择偏蓝、偏紫等冷色调的地毯，可以中和强烈的光线；北向或西北朝向采光有限，应选择偏红、偏橙等暖色调的地毯，可以让空间感觉更温馨，同时还可以起到增大空间的效果。

地毯的颜色宜艳丽：我们通常都是根据个人的喜好和风格搭配来选择地毯，但是从装饰效果的角度来看，还是选择红色或金黄色等色彩缤纷的地毯为宜。色彩鲜艳的地毯，给人一种生机勃勃的印象，而色彩平淡的地毯，则会令客厅黯然失色。

摄影：黄涛荣

地毯图案选择：地毯上的图案千变万化，题材广泛，有动植物、人物、风景等，有些则纯粹以抽象图案构成，选择的时候一定要与居室的色调和风格相协调。不同花色的地毯让居室呈现出不同的风格，几何纹样的地毯给人以庄重典雅而又不失活泼的印象，用于光线较强的房间，可以使房间显得宽敞而富有情趣。花草纹样有的表现出富贵典雅的风格，有的则表现出单纯朴素的特点，材质以纯羊毛居多。客厅可选择花型较大，色彩较暗的地毯。卧室一般选择花型较小、色泽明快的地毯。

摄影：黄涛荣

04 墙面装饰

挂饰挂画、层板储物柜、墙贴手绘、墙纸和软包都是可拆除、经简单处理后可另作改装的，属墙面软装。墙面在室内环境中所占面积最大，并起到衬托室内一切物件的作用，是最容易形成视觉中心的部分，因此墙面装修也是家庭装修的重点。

挂饰内容各有讲究

赞

整体挂画：印刷品装饰画，价格不会很高，容易保养，装饰效果却很不错，而且可以经常进行替换。

书房挂画：避免挂色彩浓艳的装饰画，而书法是很不错的选择。

弹

× 大门的内侧和上方不宜挂画和装饰。

× 挂画内容不宜为追求独特而挂古怪、血腥、色情的内容，不利家庭和谐气氛的营造，应该以正能量的内容为主。

× 客厅、餐厅和卧室不宜挂颜色太深或者黑色过多的图画和装饰，看上去令人有沉重之感。

× 一面墙或者一个空间内的挂画不宜风格太多，这样会造型不协调感，同一风格但是挂太多画也不合适，会让人觉得不知道把视觉重点放在哪里。

× 家中不宜挂太多有宗教性质的装饰画，否则会影响家庭成员间的关系，特别是夫妻间的恩爱。任何一方对宗教太过狂热，都会影响相互之间的感情。

× 如果家居空间比较小的话，要选择边框比较细的画，或者选择无框画，避免画作太大太厚重，看起来不协调。

大师支招

蓝色和绿色是和谐的邻近色，设计师在和谐中寻找微妙的变化，运用竖条、波纹和花卉图案在一个局部奏响颜色和花纹的协奏曲。

摄影：黄涛荣

墙纸的优点：使用墙纸装饰的墙面比使用涂料粉刷的墙面更具有质感，风格特征更加明显，而且吸音效果好，更易保持室内宁静平和的气氛。

墙纸颜色的选择：墙纸的色彩对室内空间有较大的影响，应该根据空间的大小和功能的区分来选择墙纸的颜色、图案和花纹。小空间应该选择浅色系、花纹简单的墙纸；对南向阳光充足的空间来说，比较适合选择冷色调墙纸；而北向缺乏阳光照射以及采光不好的房间则应选择暖色调的墙纸。

摄影：黄涛荣

墙纸图案的选择：在选用有花纹的墙纸时，首先要了解墙纸的规格，还要预算出拼接花纹的损耗，做到既不浪费又不破坏图案的整体性。壁纸的图案种类很多，从植物、风景图案到方格、条纹图案，从藤蔓、水果、动物图案到几何抽象图案，凡是与室内家具协调的图案都可以用在墙纸上，以达到空间的整体性。局部采用趣味性的另类墙纸，可更加突出个性，形成视觉中心，给人留下深刻印象。此外，部分墙面采用大色块的墙纸还可以起到平衡室内构图的效果。

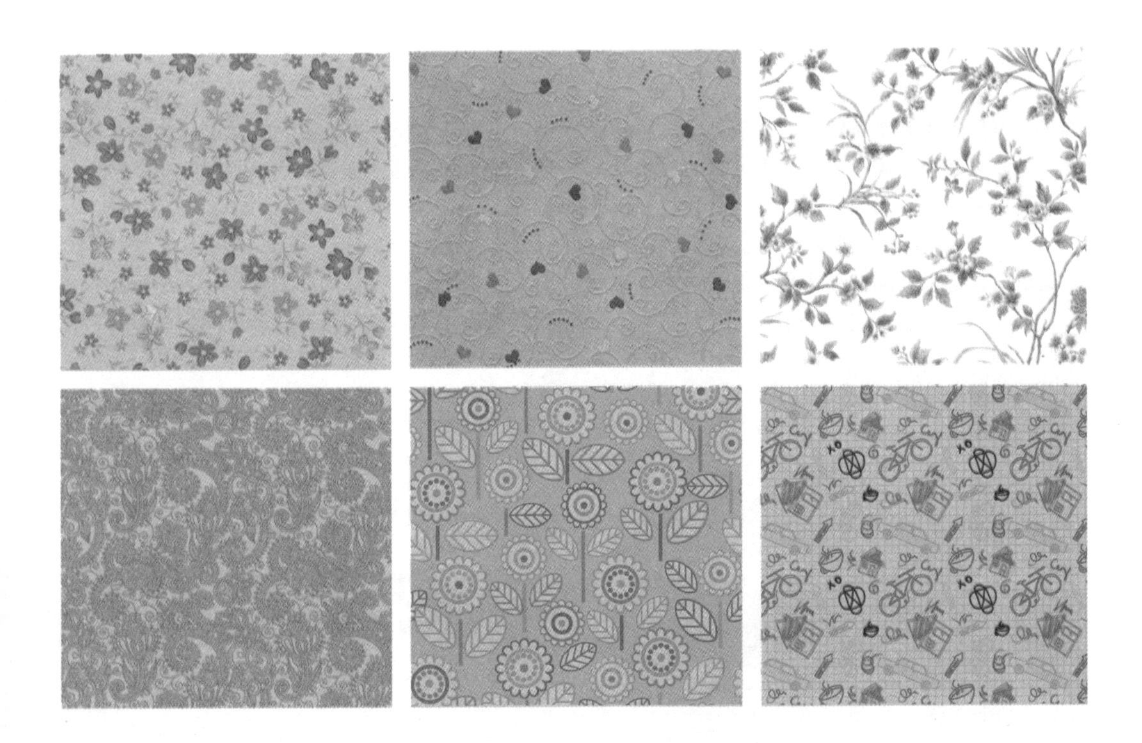

四个步骤教你挑画

确定风格和色调

首先要根据装修的风格来确定画的风格，一般欧式家装对应古典油画，中式家装对应国画，简约家装对应抽象画或者照片，宜家家装对应温馨的小品。

画的色调要和装修的色调有所呼应才能保证效果。方法一是选择和主色调相同或者相对的色调（这里要注意如果画的面积比较大，颜色的对比就切忌过于强烈）。方法二是从家具或点缀的辅助色中提取。

采光也会影响选画色调。光线不好的房间尽量不要选择黑白色、深色或冷色调的画，会让空间显得更加阴暗。相反，如果房间光线太过明亮，就不宜再选择暖色调和色彩艳丽的油画，会让视觉没有重点而眼花缭乱。

确定尺寸和数量

购画前要仔细统筹全屋所需挂画的大概尺寸和数量，避免买回来后用不上。因为尺寸大小和购画的数量息息相关，如果到挑画时，喜欢上和原计划不一样的画作，就要重新仔细考虑尺寸和数量，以及是否和其他空间的画作相搭配，切不可冲动购买。

挂画不是越多越好，室内有一两个视点就足够了，进门后视线的第一落点是挂画的最佳位置，这样你才不会觉得墙上很空，也不会购买太多导致视觉混乱。

由于画框可以更换，因此现在市场上所说的长度和宽度多是画本身的长宽，并不包括画框在内。所以买画之前一定要测量好墙面的长度和宽度，预留好画框的尺寸。

确定内容和画框

首先当然是根据风格的需要来选择自己喜欢的题材，还有了解什么样的色调与居室更协调。

色调平淡的墙面宜选择具象画作，而深色或者色调明亮的墙面可选用抽象画作或者大色块的画作。如果墙面贴壁纸，则中式壁纸搭配瀑布或高山流水一类的画作，欧式风格壁纸搭配传统油画，简欧风格可以选择无框油画。

如果墙面大面积采用了特殊材料，则需根据材料的特性来选画。木质材料宜选带有木制画框的画，金属等材料就要选择金属画框的抽象画或印象派油画。

现在市场上主流画框为木材加工类和 PU 类，因为水分蒸干不合格的木材做出的框容易自然开裂，所以现在画框多是更加环保、稳定、价格实惠、可以模仿其他质感的 PU 材质画框。

画框按外形结构可分为角花框、圆框、线条框、一次成型框（机压或抽塑）等；按表面工艺可分为喷涂类、金银箔类、原木封蜡类等。

油画的装裱主要有无框和有框两种方式，一般抽象风格的画作多采用无框形式，而古典风格的画作一般采用有框形式。

一些比较大的古典油画，可以在画框内再加麻衬，小的纸画可以加卡纸。

在比较狭窄的空间，如厨房、卫生间或楼梯平台等，可以挂一些小装饰画，这样可以起到窗户的效果，最好选择浅颜色画框和细框条。

确定预算和档次

画作的价格相差很多，是由于两幅看起来差不多的油画，可能因为画家原创和印刷品的区别，而使得价格天差地别。不过画作的预算弹性也很大，不像建材材料和家具那样，必须具备一定的价位，质量才有保证。一幅价格不菲的具象油画能使蓬荜生辉，但是一张精心挑选的照片也能达到同样的效果。所以要根据购画的基本要求和个人情况确定预算，在买画时心中要有本账。

确定好预算以后，就要根据预算定出大概每张画的价格区间和档次。一般来说，客厅和卧室这样的重要空间要选档次高一点的画；如果预算不充裕，餐厅、厨房和卫生间这样的小空间可以选一些性价比高一点的装饰画。

大师支招

挂画：挂画是最灵活的装饰，可为空间增添色彩和立体层次感，可依喜好或季节变动，是最方便也最常见的墙面装饰方式。选择与家居装饰风格相搭配的漂亮挂画是第一步，挂画的风格应和整个家居的装修风格相匹配，挂画的尺寸和墙面的高低大小应和谐。如果是中国画，立轴长度不宜长于墙面高度的三分之二；如果是油画，画框最大不能超过墙面的一半。

摄影：黄涛荣

摄影：黄涛荣

摄影：黄涛荣

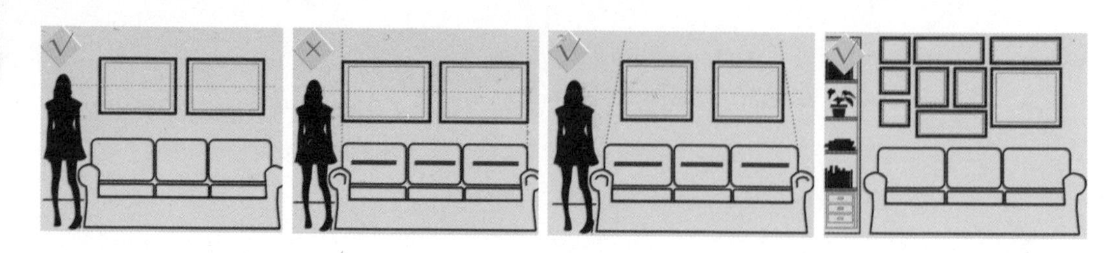

挂画高度：装饰画的中心线在视平线的高度上（平均1.55~1.65米），同时兼顾装饰画总高度及相关家具尺寸，上下调节。

挂画大小：在选择装饰画时要考虑装饰画与家具的比例关系，如沙发上方的装饰画太大，会造成头重脚轻的感觉。

挂画宽度：装饰画的宽度最好略窄于沙发，以避免产生头重脚轻的错觉。

考虑环境：沙发旁的柜子、落地灯或窗户可作为挂画参考。如根据书柜的高度和颜色，选择同色系的画框，挂画高度与书柜等高，让墙面更有整体感。

摄影：黄涛荣

墙面

mr.
right
mrs.
always
right

挂画技巧

错落组合式挂法： 在挂画的时候可以打破常规，改变按照大小和风格整齐排列的方式，在不凌乱的前提之下，尽可能地发挥想象力，随意的组合排列，从而达到视觉上的平衡，增加居室的趣味性和活力。

重复挂法： 在重复悬挂同一尺寸的装饰画时，画间距最好不超过画的 1/5，这样才能具有整体装饰性，不分散。多幅画重复悬挂能制造强烈的视觉冲击力，但不适合层高不足的房间。

对称挂法：对称挂法：这种挂法简单易操作，图片最好是同一色调或同一系列的，才能达到最好的视觉效果。

多幅同样大小的装饰画，表现同一个主题，整齐排列挂在墙上，会给空间一种稳定感，而且在画的内容上既有联系，又有区分，能增加墙面主题的内容。

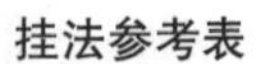

挂法参考表

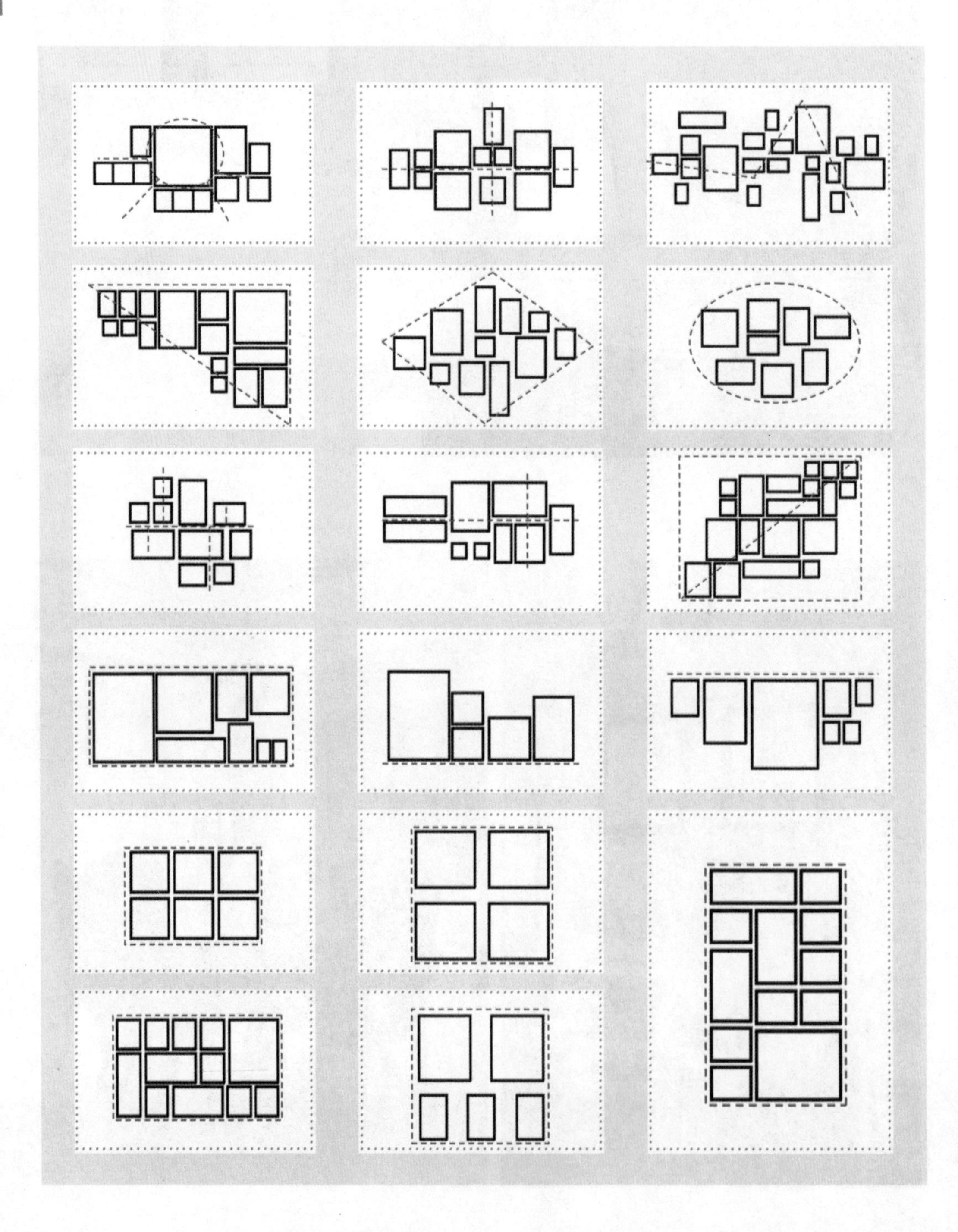

挂画、保养细节多

若过道比较狭长，太大的画难以欣赏到全景，太小的画则会和墙面面积比例失调。一般来说，选三到四幅同风格、同尺寸的画作并排挂效果最好。

楼梯挂画要注意挂画的高度必须随着楼梯的上升而逐步上升，人们可以边走边欣赏。

水彩画和版画容易吸油烟和挂灰尘，弄脏后很难清洗，所以最好用玻璃框装裱。

挂山水画要选择适当的位置，最好挂在引人注目的墙面开阔处，如迎门的主墙面、客厅沙发、写字台上方，而卧室、房间的角落，衣柜边的阴影处就不宜挂山水画。山水画的数量也不宜太多，居室山水画数量太多，会使人眼花缭乱。一至两幅经过主人精心挑选的山水作品，就能够起到画龙点睛的作用。

油画的装裱一般没有玻璃框，所以最好不要放在油烟多的地方，如果沾上灰尘，可以用软毛刷子把灰尘拂掉，切忌用湿布来擦，用肥皂水擦就更不行了。任何画都要避免强烈的日光照射。

湿气会使画纸和画布不规则缩胀、发霉，所以天气太潮湿的时候，最好把画放在有空调或抽湿机的房间里，或者把画暂时先装到干燥的箱子里，放在通风的地方。

油画和玻璃都有反光效果，面对正面来光时，效果往往很差，所以应采用侧前上方打光，尽可能做到悬挂处的光源与作画时的光源相一致，如作画时光源在左侧，悬挂光源也应与此光源一致。

挂画的背景射灯能够让画面看起来更加柔和，增强装饰效果。射灯最好选择斜射的灯光，瓦数不宜过大，因为灯光长期直射产生的热量容易导致画面颜料龟裂和褪色。装好灯以后要调试一下光线，尽量避免使画面产生反光。

如果需要悬挂多幅画作，应考虑到画与画之间的距离，宁疏勿密。同时要照顾到远观时的大效果，使整个墙面的画幅有轻重、冷暖起伏等的变化。

悬挂油画还要有固定的挂画设备，要有固定在墙壁上的横木线，油画作品通过结实的挂画绳和挂画钩连接在挂画线上。如果实在无挂画的横木线而必须用钉子悬挂时，应将钉子陷于画幅的背后。潮湿的地区应多检查挂画有无因锈蚀而掉落的危险。

印刷品装饰画，价格不会很高，容易保养，装饰效果却很不错，可以多购买一些进行替换。

彰显个性的墙壁挂饰： 除了最常见的装饰画，金属、木质、瓷器或者玻璃等材质独特的艺术品挂饰也越来越受欢迎。只要你喜欢，并且符合家居空间的色彩和风格需求，都可以作为墙面装饰。

镜子的造景妙诀：镜子和在镜子前放装饰品是最常见，效果也最好的造景方式，开阔空间的同时，营造出一种多层次的视觉效果。记得镜子要比装饰品大，镜子和装饰品不要完全居中，方有意趣。

用盘子来装饰墙面，省钱又省心：对于拥有大量漂亮盘子的屋主来说，与其把多余的盘子收进橱柜，不如把它们像装饰画一样挂起来装饰墙面。可以直接摆放在且有防滑槽的搁板上，或者使用专门设计的挂钩，但是无论采用哪种方法，都必须在墙面上敲钉子，所以最好设计好位置才动手。

最简单的白色搁板却是最容易搭配的款式，可以在上面摆放书籍、相框、花瓶、小玩偶等等，无论放在哪个空间都适宜。

“V”形创意置物架，可以作为书架把书籍轻松地分类摆放，有多种色彩和组合方式，实用又美观。

纯白色的田园风墙面装饰柜，不仅美观，还有强大的储物功能，上面的搁板可以摆放一些美观的餐具或小饰品，柜底设有挂钩，带把手的茶杯可以挂在这里。

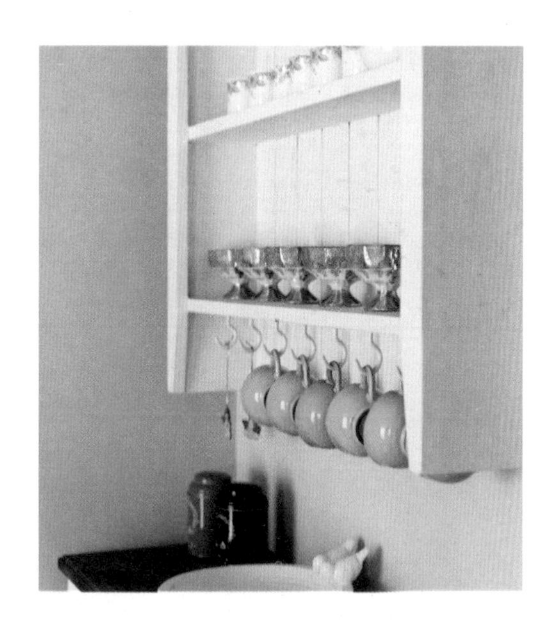

摄影：黄涛荣

美观实用的墙面搁板：在墙上钉搁板可增加收纳空间，并且因为凸出墙面外，线条感比较丰富，有很好的装饰作用。安装时，层板可高低摆放，最好长短不一，视觉上较为活泼。安装搁板前，要先测量墙面的长短，再决定搁板的宽度以及排数。建议大面积的墙面，可以安装三排以上，如果墙面小，两排搁板或者单排搁板就已足够。

装饰柜：将墙面做成装饰柜是最实用的装饰手法，可以为家居增加更多的储物空间，但装饰柜的体积不宜太大。现在市面上有很多这样的产品，设计简单，运输方便，还可以自己组装，享受 DIY 的乐趣。

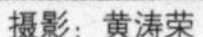

摄影：黄涛荣

墙贴：墙贴局部装饰性较强，不要了可以随时撕去，业主可以自己贴自己撕，非常符合现代人的 DIY 精神，用于开关面板等小面积的装饰非常好，图案种类也非常多，可以经常更换。不足的地方是，因为是工业产品图案不能满足个性化的需求，而且更换时容易留下胶痕。

墙绘：墙绘的内容不受限制，可以满足业主的喜好，想画什么就画什么，受损后也可以修复。墙绘在普通墙面上绘制是比较简单的，但如果是乳胶漆等漆面墙，需要将墙面做打磨处理，才好上色。墙绘的保持时间比墙贴要长久，最好用丙烯颜料，因为油画颜料有气味，而水粉颜料容易褪色和出现裂纹。缺点是想更换的时候就需要重新刷墙。另外，墙绘的价格相对墙贴和一般墙纸来说要贵一些。

05 摆设和植物

生活中的装饰品也是很重要的，它们灵活多变，可以根据不同的空间、不同的风格、不同的需求来摆放，特别是当硬装方面存在一些难以克服的问题时，小装饰品就能出马为我们的家居做贡献啦。

镜子，那些你不能不知道的事情

镜子

√家中如果过道比较狭长，可以在一侧挂上装饰镜，使走廊看起来宽敞一些。

√小房间和光线不足的房间里装上大平面镜，可使房间看起来宽敞明亮些。

√镜子和房间的大小应该成比例，家中挂镜要让照镜的人见到整个头部，如果镜子是竖放的，则要照到整个身体，这样看起来才舒适。

× 镜最好不要当中堂，客厅摆镜容易分神。

× 镜子不要对着窗户，如果透过窗户映射到隔壁居室，会影响邻居里关系，造成不必要的矛盾；如无住家而对空，外面的阳光射进来再反射，会形成眩光让人觉得不舒适。

× 镜不可对床头， 半夜睡得迷糊时会被镜中的影像惊吓到。

× 镜不可挂在沙发后照着后脑勺，让别人看后脑勺不雅，而且自己也会被反射的光影响到。

× 镜子不可直照任何门，容易吓到进出的人。

× 镜不可两两互对，镜子的影像反复的互照，会让人产生眩晕感。

装饰性的镜子，能够有效地扩大室内的空间感，如果家里的采光不够理想，镜子对光的反射也能提高室内的亮度。另外，在端景墙或者装饰性边桌的墙面装上镜子，反照着桌面上的装饰品，能营造出一种重叠的视觉效果，是一种非常好的装饰手段，能够令你的客厅瞬间高大上起来，不过这种装饰手法适合比较大的空间，运用在较小的空间里反而会造成视觉的拥堵。

大师支招

花瓶装饰：现在花瓶的种类越来越多，很容易找到与家居风格相匹配的款式，小小的花瓶，已经成为家居设计中必不可少的装饰元素。“瓶”谐音“平”，有“平安”的寓意，在家里摆放花瓶，象征平安如意。花瓶最好选用陶制或瓷制的，注入清水，插上鲜花，扮靓家居。

酒瓶大改造：现在大家都在追求低碳生活，用完了的酒瓶、调料瓶扔掉不仅可惜，还会污染环境。花点心思，就可以把废旧玻璃瓶改造成漂亮的装饰品。制作方法也很简单，只需用彩线对玻璃瓶进行缠绕，然后用胶水黏合就可以了，既实用又美观。

吉祥饰物大象："象"与"祥"字谐音，所以大象被赋予了更多的吉祥寓意，如以象驮宝瓶（平）为"太平有象"；以象驮插戟（吉）宝瓶为"太平吉祥"；以象驮如意，或象鼻卷如意为"吉祥如意"。

吉祥饰物马：奔腾的马象征朝气蓬勃、积极向上的精神状态。"马到成功"代表对事业发展顺利成功的祝福。一匹马上有一只猴子，寓意"马上封侯"，表达了人们对生活和事业的美好期盼。

小摆设也有大讲究

开门三见

开门见红，也叫开门见喜：一开门就见到红色的墙壁或装饰品，让人感觉温暖和振奋，心情舒畅。

开门见绿：一开门就见到绿色植物，养眼明目，趣味盎然，令人心旷神怡。

开门见画：一开门就见到一幅宜人的小品或图画，一能体现居住者的涵养，二能缓和进门后给人的局促感。

节日里的特别装饰

圣诞节：西方人以红、绿、白为圣诞色。常用的圣诞装饰包括圣诞树、圣诞红、花环、蜡烛、铃铛、松果、礼物盒、圣诞帽、圣诞袜子等。

春节：红色和金黄色是春节的主打色，常见的装饰包括春联、灯笼、剪纸、中国结、桃花、糖果盘、金元宝等，另外也可以给沙发换上红色的布艺坐垫，烘托冬日里的团聚氛围。

情人节：是特属两个人的节日，可以在卧室这样的私密空间精心布置，给生活增添情趣。蜡烛、玫瑰花、香薰、两个人的照片和一些浪漫的小摆设都能为彼此带来爱意。

儿童节：可以请根据小朋友的喜好先设定一个卡通主题，装饰用的玩具、气球、小礼物等可以根据这个主题来准备，另外彩带、一次性餐具等都必不可少，整体装饰色彩以鲜艳明亮为主。这些装饰手法也适合小朋友的生日布置。

小摆设的小细节

许多人在装修时会非常注意材料是否环保，在购买小摆设时也要同样注意产品是否合格，特别是有小朋友的家庭，不合格产品的外漆、粘合剂等都可能成为健康杀手。

摆设不是越多越好，在买摆设时，一定要考虑是否适合自己的家居装修，可以事先写好清单，购买时就不会变成“剁手党”了。

如果你实在没有把握如何摆才合适，不妨尝试最安全的摆放方式“阵列式”，就是把同样或者同系列的摆设一字摆开，有细节又不杂乱。卧室虽然是私人空间，但是装饰品摆设也要沿用客厅的一些风格和色彩，避免风格断层。而且体量不能过大，要留出足够大的卧室活动空间。

卧室和书房的摆设颜色要以淡色为主，色彩也不宜过多，这样才有利主人休息和集中精神工作；卫浴空间的摆设要注意防潮防腐蚀，特别是毛巾架这些，生锈后很难更换，同时由于卫浴空间小，摆放时要注意是否影响活动和安全。

超有爱的小饰品：超级可爱的家居用品，能为温馨的居家氛围添上几分俏皮、浪漫，既活泼又彰显了主人知足常乐的个性。

玩具、抱枕都可以上墙：平时家里宝宝玩的玩具也可以是很出彩的装饰品。儿童玩具颜色鲜艳，趣味性强，放在搁板上，立刻就成了视觉的焦点。单个的“字母抱枕”，组合起来就是一个“抱枕团队”，单看没有什么稀奇，组合起来就是充满个性的装饰品，放在沙发上、搁板上都是很好的装饰。

不同功能空间，养花有讲究

客厅与餐厅

因为客厅的面积较大，所以植物以宽叶的为最好，植株也适宜高一些，再间中点缀一些小盆栽。

茶几上的植物要形状低矮，才不会妨碍相对而坐的人进行交流且花器要重，否则易被打翻。

将一些富有特色的吊盆植物置于木制的分隔架上，把餐厅和其他功能区域划分开，既能使空间通透，又能给家宅增添活力。色彩艳丽的盆栽，如秋海棠和圣诞花，可以增加餐厅欢快的气氛，增加食欲。

要注意的是：在餐厅里要避免摆设气味过于浓烈和容易滋生蚊虫的植物。

卧室与书房

由于“明厅暗房”的设计原则，所以卧室不适宜摆放喜阳的植物。

卧室空余的面积往往有限，所以应以中、小盆栽或吊盆植物为主。将植物套上精美的套盆后摆放在窗台或化妆台上，可以防止余泥掉落。

因为植物只有白天才进行光合作用，晚上会排放出二氧化碳，所以卧室花草不宜与床的距离太近。

书房的案头摆上富贵竹之类的水生植物，既能起到生机盎然的效果，又不会因浇花而弄湿桌面的书本。书房不适合摆太多和太艳丽的花草，过于热闹容易分散工作和学习的注意力。

厨房与卫浴间

厨房阳光少、油烟大、空间小，适合喜阴、喜水、生命力强和植株较小的植物。

厨房是做饭的地方，不适宜摆放那些容易有落叶、落花，或者花粉太多的植物。

浴室的湿度和温度都比较高，适合摆放一些喜湿耐阴的植物，像铁线蕨、常春藤、黄金葛等。

茶具也是很好的装饰品：如今，忙碌的生活节奏让品茶成为一种奢侈的享受。都市人希望能从茶器的恬淡优雅中得到精神上的抚慰，茶器也在某种程度上成为一种优美的装饰符号。

玻璃杯也可以很美丽：晶莹剔透的玻璃杯完全可以取代花瓶，细长造型的酒杯最适合摆入细长的花束，且移动方便，可以随时变换摆放位置，灵活地眷顾家中每一处角落。

日常用品也可以成为出彩的装饰品：藤篮、瓷盘、玻璃碗，装几个色彩艳丽的水果就是一件很好的装饰品。

特色木雕：具有民族特色的木雕，古朴典雅，有独特的艺术魅力和装饰效果。

特色装饰相框：小小的相框虽然是生活中随处可见的摆设，但它们所呈现出来的创意正是主人对于生活细节的品位和追求。

卫浴间也需要用心来装饰：用什么方法可以让代表污秽之地的卫浴间变得讨人喜欢？如果没有足够宽敞明亮的空间，也没有足够豪华的卫浴设备，那么我们可以用心地在一些细节上做文章，例如在浴室柜上放一个让人爱不释手的漱口杯，在洗手台上放一个活灵活现的小鸟雕塑……这些细枝末节的小装饰，让卫浴间充满趣味。

餐厅植物：餐厅不适合摆放高大的植物花卉，在餐桌上点缀一小盆绿色植物，就能调节就餐时的心情。植物的叶片越厚，抗油烟效果越好，耐擦拭性越强，不会因为叶片太薄而擦坏。

植物微景观：将玻璃容器引入到盆栽的设计和养护方式中，装点家居的同时也将绿色驻留在一年四季。无论是在餐桌还是案头，玻璃罩内的微缩植物景观都能带给您一种愉悦的视觉享受。

太阳花提升活力：蓝色仿古陶瓷花瓶里插满了橘色的太阳花，散发出温暖的气息。在室内摆放太阳花，能激发主人的阳光气质和亲和力。

窗台植物有讲究：窗台上养花，可以降低噪音和粉尘污染。常见的阳台植物有龟背竹、绿萝、常青藤、文竹、吊兰、四季海棠、菊花、天竺葵、茉莉、八仙花、玉簪、吊竹梅等。要根据阳台的朝向来选择相宜的花木，向阳的窗台，选择喜阳植物，背阴的窗台，选择喜阴植物，这样才能相得益彰。高层居民还应该注意安全，避免花盆掉落伤人。不适合在窗台养的植物有牡丹、仙人掌、月季等。

植物，家居盎然生机的来源

赞

√植物要经常浇水、修剪枯枝，才能生长旺盛，给人生机勃勃的感觉。

√如果没有多少时间和精力打理植物，也可以在花瓶上做做文章。一个造型优美、材质独特的花瓶，只需配上一两支水生植物，就能为家里的装饰添光不少。

弹

× 由于大门旁边或玄关处是主要的行走区域，所以这两个地方摆放的植物不要选择带刺、植株过高、叶子过宽的，以免碰撞到。

× 假花虽然容易打理，但是没有生命力，欣赏效果不如真的植物好，而且假花容易藏纳灰尘，不利家里清洁。

× 也不能因为常绿植物好就把家里装修得跟热带雨林似的，这样打理起来很不方便，也容易滋生蚊虫，想为生活减压结果变成增压。

× 阳台种植藤类植物要注意，一些生命力旺盛的藤类植物，如爬山虎等，会在墙体表面留下痕迹。而且藤类植物一定要勤修剪，不能有干枯、烂根等，不然缠缠绕绕的容易滋生蚊虫，或引来壁虎、蜘蛛等昆虫驻扎。

× 带刺的植物造型独特、容易养护，所以很受年轻人喜爱。但是带刺的植物也容易使人受伤，千万不要摆放人经常经过或使用的空间，家里有小孩的就更加不要种植了。

迷你盆栽：虽然小，却能给居室带来活力，让空间焕发自然美感。精心修剪出的美观形态，或单独摆放或排成一列，作为小装饰点缀在房间的角落里，虽然看起来不起眼，但却不会没有存在感，精美的花器和充满活力的绿色足以让空间变得更加有魅力。

摄影：黄涛荣

你养的花，是凶手还是保健医生

有害

凶手一：滴水观音、万年青、绿萝。虽然是净化空气的好帮手，但是汁液有毒，对皮肤有强烈的刺激性；若小孩把玩误咬，会因强烈刺激口腔黏膜而引起咽喉水肿，家中摆放时一定要注意安全。

凶手二：含羞草、一品红、夹竹桃、黄杜鹃、水仙花。虽然有毒，但其毒素不会自行释放，所以一定要放在小孩子接触不到的地方。

凶手三：状元红、五色梅。会散出让人不适的气味，所以五色梅也俗称“头晕花”，经常接触对人体不利。

凶手四：松柏类植物，如玉丁香、指骨木。会分泌一种脂类物质，散发出较浓的松香油味，它会引起人们食欲下降、恶心等，特别是对一些有老年支气管炎和哮喘病的人有一定的刺激。

有益

净化空气的保健医生：吊兰、白掌、银皇后、鸭脚木、龟背竹。有着强于其他植物的净化能力，宽大的叶面能够有效地吸收空气中的甲醛、苯乙烯、尼古丁和二氧化碳等有害气体，同时令人赏心悦目。

驱虫杀菌的保健医生：薄荷、薰衣草、除虫菊、万寿菊、茉莉。具有特殊的香气或气味，对人无害，而蚊子、蟑螂、苍蝇等害虫闻到就会避而远之。

天然香料的保健医生：紫苏、薄荷、罗勒、香菜、迷迭香、芹菜。这些植物的香味和鲜花不一样，却独具魅力，自己做菜的时候还可以摘几片放进去，随手可得的天然食物，即健康又为生活添情趣。

可以当药的保健医生：桑叶、凤仙花、金银花、荷花、蛇舌草。桑叶明目，煮水擦眼睛可以减轻红眼病的症状；凤仙花敛血，对治疗指甲边裂开有奇效，所以凤仙花又叫“指甲花”；金银花、荷花和蛇舌草都具有清热解毒的功效，泡茶或者煮水就是天然的凉茶了。

附录

五步挑选适合自己的窗帘

名称	用途和特点
1. 确定帘头款式	
窗帘盒	造型豪华，可以掩饰窗帘杆，价格比较高，不适用于面积较小或天花板较低的空间
罗马杆	装饰有罗马式杆头的窗帘杆，挑选时要注意杆的颜色要和窗帘的颜色搭配
布质帘头	用布做成各种造型装饰窗帘头，多用于欧式风格和田园风格
2. 根据窗户形状和功能需求，确定窗帘款式	
单幅帘	造型整体，节省布料，适合安在大小适中的窗户，如卧室、书房的小窗户
开合帘	最普遍的样式，使用方便，选择多样
落地帘	造型豪华，适合安在落地玻璃或面积较大的空间
双层帘	造型豪华，可以和纱帘、遮光布配合使用，功能更多
咖啡帘	指只安在窗的下半截的窗帘，造型精致可爱，适合安在较小的窗户上，如厨房、卫生间和小型的休闲空间
罗马帘	造型浪漫，窗帘下半部分可以做成多种形状，如扇形、教主袖形等
百叶帘	透气性强，可选颜色多，表面光滑，容易去除污渍，但配件容易坏
卷帘	性价比高，遮光性强，适合安在日晒强的阳台

3. 根据家装风格，确定窗帘风格和色调	
欧式	造型复杂华贵，多有花纹，面料厚实，搭配比较多的窗帘配饰
中式	可采用竹、木和真丝突出中式气氛，样式多为纯木色或中国传统图案
田园	采用自然色和植物、条纹、波点图案，款式比欧式简单，会运用纱窗和滚边装饰
宜家	色彩或清新或艳丽，配上可爱的北欧图案，造型简约
简约	造型简约，颜色多为黑白灰或纯色，以抽象图案为主，很少配饰

4. 确定窗帘质地	
涤纶	弹性和耐磨性好，不易缩水，挺拔且不易皱，快干，但容易吸附油污
棉麻	吸湿、耐热、手感好，但是易皱、易缩水
纱	透气性好，有半透明效果，但易脏、易旧
铝材	沾到污渍和灰尘容易洗掉，手感差
竹木	材料天然，吸湿，凉爽，耐用

5. 确定窗帘配饰	
窗钩	多用于欧式布帘
绑带	用于绑起窗帘，可单独使用也可以配合窗钩使用
蝴蝶结	可配在绑带和穿杆带上，多用于田园和小清新风格
流苏	可配在绑带、帘头、窗帘襟和罗马杆两端等，多用于欧式风格
花结	可配在绑带、帘头上

图书在版编目（CIP）数据

软装搭配 / 凤凰空间·华南编辑部编. -- 南京 :
江苏凤凰科学技术出版社, 2015.3
（这样装修才会顺）
ISBN 978-7-5537-1243-7

Ⅰ. ①软… Ⅱ. ①凤… Ⅲ. ①住宅－室内装修－图集
Ⅳ. ①TU767-64

中国版本图书馆CIP数据核字(2015)第006414号

这样装修才会顺——软装搭配

编　　者	凤凰空间·华南编辑部
项目策划	郑　青　宋　君
责任编辑	刘屹立
特约编辑	宋　君

出版发行	凤凰出版传媒股份有限公司 江苏凤凰科学技术出版社
出版社地址	南京市湖南路1号A楼，邮编：210009
出版社网址	http://www.pspress.cn
总　经　销	天津凤凰空间文化传媒有限公司
总经销网址	http://www.ifengspace.cn
经　　销	全国新华书店
印　　刷	北京博海升彩色印刷有限公司

开　　本	710 mm×1000 mm　1 / 16
印　　张	9
字　　数	100 800
版　　次	2015年3月第1版
印　　次	2024年4月第2次印刷

标准书号	ISBN 978-7-5537-1243-7
定　　价	35.80元

图书如有印装质量问题，可随时向销售部调换（电话：022-87893668）。